献给我深爱的妻子和一生的朋友 Afarin，

致我亲爱的儿子 Farzan、Keyon 和 Neekon，

他们是我写这本书的灵感来源，

感谢我亲爱的父母 Simeen 和 Javad，

是他们培养了我的好奇心！

Puzzles to
Unravel the Universe

Cumrun Vafa 著

符丽天 符曜天 译

解开宇宙之谜

中国教育出版传媒集团
高等教育出版社·北京

卡姆朗·瓦法

麻省理工学院数学和物理双学士，普林斯顿大学物理学博士，哈佛大学物理系霍利斯（Hollis）数学与自然哲学教授。美国科学院院士。

主要研究方向及贡献：瓦法教授因其在弦理论方面的开创性工作和探索该领域所需的数学技术而享誉世界。他是弦理论对偶理论的创始人之一，该理论重塑了我们对宇宙基本定律的理解。他利用弦理论的几何特性揭示了黑洞的奥秘，还是弦理论中"F理论"和"沼泽地纲领"的创始人，这是将弦理论与粒子物理学和宇宙学联系起来的最有希望的方向之一。

所得重要奖项：

2017年，基础物理突破奖

2014年，前沿物理突破奖

2008年，ICTP狄拉克数学奖

目 录

译者的话

好奇心是科学发展的源泉，也是所有技术创造 (甚至艺术创作) 的最大动力。历史上人所熟知的科学家如阿基米德、牛顿、高斯、爱因斯坦等人的故事告诉我们，就是因为对常人司空见惯的事实充满了好奇心，锲而不舍地寻找原因，他们才会成为伟大的学者，为我们今天科学技术的发展奠定坚实基础。本书的作者卡姆朗·瓦法说，他从小就爱琢磨，"为什么月亮不会从天上掉下来?"，当他学到了长、宽、高，就想到"为什么表达一个物体要用三项数据而不是四项或者两项?"，"为什么这样，为什么那样?" (作者的演讲 "在巨人的肩膀上")。就是这样的好奇心把他引向了科学研究的道路，激起他对物理和数学产生几乎同样的兴趣。他在麻省理工学院获得了数学和物理的双学士；在普林斯顿大学获得物理博士学位，在终身从事物理学前沿研究的同时，他还拓展了许多数学方面的基础理论和新的应用。他自己把这一切都归功于炽热而持之以恒的 "好奇心"。

正像作者在前言里说到的，本书基于他多年在哈佛大学为大一学生授课的讲义。作为一本涉及最新成果的高级科普读物,《解开宇宙之谜》除了激发学生和读者对科学的兴趣以外,最大的特点是以小见大,把我们平时喜闻乐见的趣题兼谜题跟物理和数学的前沿发展联系起来。有志于从事科学研究的年轻人可以从这本书中读到,哪怕一些不起眼的日常问题,也能联系到听起来高深莫测的科学新发展。通过种种的实例分析,作者告诉我们,科学并不是脱离生活、高高在上的抽象概念。恰恰相反,我们即使在日常生活中,也可以找到科学最新进展无处不在的影子。这种思考方法的训练培养,使读者不再对现代科学表面上的晦涩表达望而却步,也为读者将来的研究方向提供了多角度的思考。更难得的是,作者以生动有趣的例子引导对前沿科学的深刻理解,使原本艰难生涩的理论变得生动活泼,由此展示了科学研究工作趣味的一面。最有意思的是,作者经常从不止一个角度来解决同一问题,并从谜题的解答引向宇宙的探索。要形成这种独特的学习和思考方式,必须同时具备由长时期科学训练而形成的洞察力,以及对解答基本谜题的浓厚兴趣。幸运的是,我们正好碰到了这么一位科学家和作者,于是有了这么一本书。

众所周知,数学与物理的发展几乎是不可分割的,但是两者的出发点、着重点和发展途径则完全不同。数学家关心的是各种基本思想和结构上的逻辑,物理学家则更关心各个自然规律之间的关联。本书对这两者之间妙不可言、相辅相成的关系,及其在两个学科发展中所起的巨大作用都做了深刻而详尽的探讨。

本书是作者在授课过程中积累补充写成的,内容涵盖了物理和数学各个相关分支的最新发展。译者在翻译过程中尽量忠于原著,只对原书中几处中文读者可能觉得语境不熟悉的地方，才做了少许改写或另加注解。如果读者有任何疑问或建议，欢迎来信联系，译者对此表示衷心感谢。"谜题"一词的原文是 puzzle，兼有"谜"、"难"、"趣"题的含义。几经讨论，最后采用了作者的建议，因为他觉得"谜题"更为接近他的原意。

在本书的翻译过程中，作者卡姆朗·瓦法教授耐心解答了译者的一些疑问。吴咏时教授不仅多次解答理论上的问题，还确定了一些专业词汇约定俗成的中文术语。欧阳峰博士、程富华博士和符洪博士帮助译者理解一些谜题的解法与所阐述理论的关系。特别感谢裴度博士，他不仅非常仔细地反复阅读译文，不厌其烦地纠正译文的错误，还提出了很多珍贵的意见和建议。钱定榕先生则自始至终予以全力支持，并在文字和技术理解上提供了许多具体意见。译者在此对他们热忱无私的帮助深表谢意。

最后，特别要感谢高等教育出版社赵天夫先生和波士顿国际出版社邓宇善先生对译文必不可少的修改、校正及其他种种帮助，没有他们大量细致的工作，本书的出版是不可能的。

符丽天、符曜天
2022 年于美国

前

言

对周围事物的发展方式，我们充满与生俱来的好奇心。我们希望观察到周围事物的规律和模式，这些模式可以帮助我们预测接下来会发生的情况。量化这些模式是人们发展数学的根本原因。因此，毫无疑问，数学是描述客观世界如何运作的自然语言。确实，数学是物理的基础，数学旨在描述在最基本层次上宇宙是如何运行的。我们对自然规律的理解越深，就越需要用到更艰深的数学，以至于对一般人来说，无法理解当今的物理往往是因为它所应用的数学太复杂了。

然而，这种看法忽略了物理定律的简单性，以及数学在捕捉物理现实主要本质方面的优雅。作为一个对数学有浓厚兴趣的物理学家，我目睹了在描述物理定律时出现的所有强大而复杂的数学结构之下，仍然存在着简单而深刻的一层层真相。这都是许许多多科学家在尘埃落定并发现自然定律时努力的结晶。这些真相或物理的原理是一种"执行纲要"，是科学家从有关自然法则的发现中所吸取的宝贵经验教训。幸运的是，这些核心思想通常可以用简单的数学谜题来说明。这些题目如此简单，以至于不需要任何物理或数学方面的广泛背景来解决它们和理解它们的含义。这种类型的数学谜题不仅思考起来很有趣，而且会令人深感满足，因为它们不仅包含谜题，而且还包含了有关物理现实的更深层含义。本书的目的就是引导读者通过有趣的谜题解开宇宙定律的各个方面。

本书的主要目的是提出这样一种观念：在物理现实之下并不存在单一的总体概念，而是只有构成物理现实概念的集合，有时候，这些概念看起来可能是完全相反的。本书的主要目的是了解这些对立的思想如何组合在一起，并和谐地朝着非凡的目标努力统一。我希望通过解决谜题的角度来发现有关自然的最重要的原理并展示这些概念。

在简要回顾了科学史以及数个世纪以来数学与物理之间的相互影响后，我将逐一讨论各个主题。本书的每一部分都从一个主题思想开始，然后讨论了相反思想的重要性。然后通过在物理和数学之间切换主题来重复同样的操作。所有这些都是通过解决有趣的谜题这一方式来进行的。

第一个主题是对称性。一方面，我们看到了在数学和物理中保持对称性的重要性；另一方面，我们涵盖了打破对称性的重要性。为连接位于正方形顶点的四个城市设计一条最短高速公路的谜题就是一个很好的例子。尽管对称性解释了守恒定律 (如能量守恒) 是如何成立的，但我们会了解为什么打破对称性对我们的生存更加重要。正如我们所讨论的，这与最近发现的希格斯粒子有关。我还解释了人的眼睛及其在脸部上的位置如何表现出对称性的破坏。我们讨论了物理和数学中直觉和非直觉思想的重要性。直觉的想法 (例如在物理定律的各个方面都具有显著的连续性) 和非直觉的抽象 (例如将时间视为额外的维度) 对于更深入理解现实是必要的。我们证明了由简单连续性就可以得出非同小可的结论。有一个谜题就是很好的例子，它揭示了为什么赤道上总有完全相对的点有相同温度。我们还将展示物理定律的连续性可以用来解释爱因斯坦广义相对论中的一个结论，那就是为什么预测恒星总是存在奇数个引力像。然后，我们转向自然的想法：如何用很少的信息对自然的运行方式做出合理的估计。例如，我们可以通过一个简单的计算来估计，怎样才能让太阳变成黑洞。然后，我们转向相反的角度，讨论在自然的基本定律中为何出现难以预料的 "不自然" (比如过大或者过小) 的数字。特别是，为什么质子之间的引力是电斥力的 $1/10^{36}$？我们通过阿基米德古老的牛群问题说明了物理学中出现的出乎意料的大数，它的解涉及数字的位数接近一百万！我也冒险尝试简要地讨论科学与宗教之间的某些联系，但是与通常关于这个主题的讨论不同，即便这个主题也是用有趣的谜题表达的。其中的一个例子是涉及一个由较小矩形组成的矩形的谜题。矩形的每一边都具有整数长度，从而导致较大的矩形具有相同的性质。最后，在弦理论的背景下，我讨论了基础物理学中一些最令人兴奋的现代发展。弦理论最近成为一种涵盖所有基本力的统一量子理论。我将重点放在弦理论的对偶性概念上，在过去的几十年中这个概念一直吸引着研究弦理论的物理学家，并在他们的研究中发挥了关键作用。例如，我将讨论对偶性如何帮助我们更好地理解黑洞以及时空的性质。蚂蚁在木杆上的碰撞是一个用来说明对偶性的很好的谜题，每只蚂蚁都希望尽可能地在杆上待最长时间，最后一个掉下去。事实证明，弦理论中发现的对偶性思想是本书的缩影：这种思想关乎相反的原理如何以一致而且有力的方式天衣无缝地拟合，以预测自然如何运作。没有什么能比相反思想的和谐相处更强大了，这就是为什么对偶性已成为揭示我们宇宙最深层秘密的最有力工具。

如果你通过本书的介绍对宇宙的基本定律以及数学如何融入其中有了新的认识，我会非常高兴。这些谜题对我们的挑战以及对我们理解科学的直接帮助之大，有时甚至会让我们感到惊讶！哪怕从小并不是谜题爱好者（顺便说一下，我从小就喜欢寻找令人困惑的现象和答案，现在依然如此！），拥有一颗孩子式的好奇心永远都不会太晚！

最近几年，我有幸组织了哈佛大学的一个新生研讨会，带领学生们通过解答谜题来探索宇宙的奥秘。本书就是为此目的所设课程的成果，同时我又根据学生提供的反馈和建议，对书中内容进行了充实。本书的初稿源于冯力、李克威和赵伟明三位学生的笔记，并由史蒂夫·纳迪斯 (Steve Nadis) 进行了实质性修改。殷晓田添加了一些插图。本书的完成还得益于许多同事的鼓励，尤其是符曜天和布莱恩·格林 (Brian Greene)。我对他们所有人深表感谢。我相信这本书有很多可以改进之处。如果读者有任何建议，请通过我的网站*和我联系。

最后，但也最重要的是，正是我妻子阿法林 (Afarin) 的建议促使我开了这门课程，并编写了这本书。没有她对这个项目的热情支持，这本书根本不可能面世。我对她深表谢意。

卡姆朗·瓦法 (Cumrun Vafa)

---

*http://2d.hep.cn/1155571/1 。

1

近代物理概述

物理的许多基本方面都具有简单的数学基础，也许数学形式的复杂性 (陌生的语言和令人生畏的数学等式) 有时可能掩盖了这一点。许多抽象的数学思想也是如此，这些数学思想通常涉及简单的概念，但它们可能会由于其呈现的复杂背景而被掩盖。物理和数学中的深层思想往往会具有相同的核心，也许这不足为奇，因为这两门学科有着紧密的联系。令人惊讶的事实是，在解决数学或者物理难题的过程中，往往会出现相同的思想和处理方法。

本书是关于谜题及其与数学和物理的关系的。虽然谜题本身可能会令人着迷，并带来乐趣，但我们将会看到，它们是如何充当这两个领域之间的桥梁，并揭示它们共享的一些纽带。本书主要是面向大学生或高中生的。我们不需要高深的数学和物理知识来解决本书中提出的谜题，也不要求读者在这两个领域都有深厚的基础。不过，对这些学科的浓厚兴趣以及受过一些这方面的训练肯定会有助于对本书的理解和欣赏。

尽管物理和数学紧密相连，但是它们具有截然不同的传统和内在哲学。数学从基本公理开始,利用逻辑推理来建立整套理论。物理定律却并不是通过逻辑推论的层次结构来解释这些自然规律的不同部分是如何相互影响,以及它们又是如何融合在一起的。物理学强调的是这些定律之间的联系,而不是它们的逻辑依赖性。当然,这些思想的逻辑衔接仍然是物理定律的必要组成部分。在数学中,重要的是要彻底明白基本公理和假设是什么。另一方面,正如我们稍后将看到的,随着新的证据或理论思想的出现,物理的公理或基本原理是可能会发生变化的。

历史表明,一个领域的重大发展通常是这样发生的:一开始是物理定律的推论结果,随后的研究才看出它本身就具有指导原则。所以,优秀的物理学家应该始终对此类修订或"改组"保持开放的态度,因为与最初的原始原理相比,新近公认的原理常常会变得更基础,并且适用范围会更广泛。动量守恒原理就是一个很好的例子。它最初是牛顿在《自然哲学的数学原理》中提出的,当然是牛顿运动定律的结果,可是在225年后才确定,守恒定律比运动定律更基本,因为它们源自自然的内在对称性。

正是出于这个原因,物理学家试图对不断发展的基本原理保持一种灵活的态度。物理学家并没有过于强调物理概念的层级性质,而是愿意随时更新思想结构,这与数学家通常看待数学的方式相反。一个数学定理,一旦被证明是正确的,就会永远被认为是正确的——不像物理原理会随着新的发现而发生变化。

除此之外,两者也有其他差异。要解释物理学中的复杂现象,物理学家通常需要做些近似,而数学家往往就不愿意。例如,讨论一个空间是否"连续",即没有任何间隙或者是由相互靠近的点组成的问题,这对物理学家来说可能并不重要,因为他们关注的是在更大距离尺度上进行的实验结果。但是对于数学家来说,给定空间是否光滑是关键特征,绝不是无关紧要的干扰。

本章的目的是简要概述物理领域。这是一个快速的复习,不涉及详细论述。这里的目标不是全面的叙述,在仅仅一章的篇幅中,这基本上是不可能的。取而代之的是,我们打算谈谈物理学史上的一些例子,这些例子可以使我们对探索自然的基本规律这一长期任务的现状有所了解。

古代思想

希腊人试图解释周围世界正在发生的事情,他们对物理学有许多有趣的想法。他们迷上了优雅的数学,包括柏拉图在内的一些学者认为,这个世界的真相在于几何。看到了欧几里得几何学和柏拉图多面体*中的美,他们认为这可以用来描述整个自然。尽管他们在数学上的大多数工作都已经超越了时代,但他们的物理学却没有达到同一水平。例如,亚里士多德相信岩石之所以会掉下来,是因为它们喜欢落到地面上。他强调,在所有可能的情况中,岩石最舒服的状态是在地面上。因此,他进一步解释说,岩石接近地面时坠落的速度更快,是因为它们很高兴能更接近其自然且首选的休憩处。[1]

尽管古希腊人对物理现象的描述不充分,但即使在今天,他们用

---

[1] 见亚里士多德的《论天》。

*指五个正多面体,即正四面体、正立方体、正八面体、正十二面体或正二十面体。——译者注

美丽的数学描述世界的基本愿望仍然对科学至关重要。他们的某些想法，例如由单个原子组成的物质概念 (在留基伯和德谟克利特等人的倡导下) 一直保持至今。他们不仅相信地球是一个球体，而且还在公元前 230 年左右测量了地球的周长。为了计算地球的半径，特别是埃拉托色尼，采用了三角学的简单思想，并观察了阴影的长度如何随着距赤道距离的变化而变化。他得到的答案相差不远，大约是现在所测量的实际地球半径的 15%。他采用的基本思想是，当你在赤道北方经过 h 距离时，正午长度为 l 的木棍的阴影会从 0 增长到 s (见图 1)。然后可以用简单的三角学推导得出地球的半径 R，

$$R \sim h \cdot \frac{l}{s}.$$

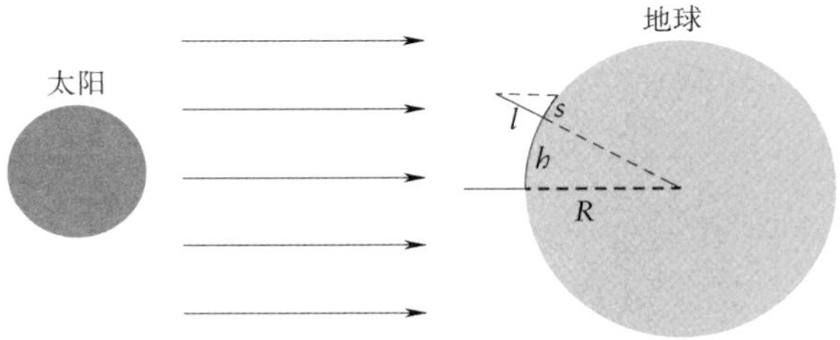

图 1 在公元前 230 年左右，利比亚古城昔兰尼的埃拉托色尼测量了地球的周长。

应用纯几何学的概念来推断有关自然有趣事实的想法一直延续到远远超过早期希腊数学家的时代。贾尼亚和海什木大约在公元 1000 年确定大气层高度约为 52 英里[2]，这已经精确到当今公认数值的 20% 以内了。贾尼亚和其他穆斯林科学家利用暮色下太阳俯角和简单的三

---

[2] https://2d.hep.com.cn/1155571/2。

4

角函数来进行计算。这种方法非常简单:他认为,太阳落山后天空不会立即变黑的原因,一定是因为即使在日落之后,大气的上部仍然可以接收来自太阳的光 (见图 2)。贾尼亚认为,测量太阳光 "耗尽" 所需的时间 (t) 是几个小时,相当于一天长度的几分之一,它与大气层的高度 h 和地球半径 R 的比例有关,即 $\frac{1}{2}(\frac{t}{24})^2 \sim \frac{h}{R}$.

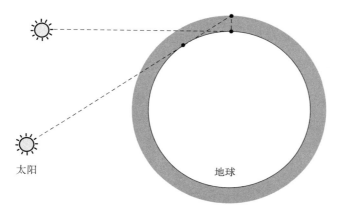

图 2 大气层高度是由贾尼亚和海什木在 11 世纪和 12 世纪测量的。

但是,数学在物理中的深入应用必须等待更现代的时代,艾萨克·牛顿爵士在 17 世纪中后期的工作可能是这方面的真正起点。

牛顿力学

毫无疑问,牛顿是现代物理学的伟大先驱之一。他的第二运动定律可以总结成一个著名的方程,该方程描述了位置 $x(t)$ 与力 F 之间的微分关系:

$$a := \frac{\mathrm{d}^2 x}{\mathrm{d} t^2} = \frac{F}{m},$$

这里 F 和 m 是物理量,但加速度 a 却是一个数学量,定义为位置相对于时间的二阶导数。随着物理学的定量化,数学与物理的联系日益紧密。实际上，为了用精确的数学术语形式化他的第二定律，牛顿必须发明一整个的数学领域，即微积分。这只是表达物理定律的要求推动了数学新分支发展的众多例子之一。相反，数学也导致了物理方面的新见解。在本书中，我们将看到更多的这两个领域之间的相互联系和取舍。

拉格朗日和哈密顿力学

不断探索牛顿力学的数学基础 (在不同的物理情境中进行考察)，导致了牛顿力学的重新表述以及一些新的数学方法。例如，在 18 世纪后期，约瑟夫·拉格朗日提出了一种新的所谓"拉格朗日"力学构架方式，该方法给出了与牛顿力学相同的物理结果，但基于"最小作用原理"而不是作用力。作用量是一个积分，是对粒子从其起点到终点某一条路径的积分，由方程 $S = \int (K - V)\mathrm{d}t$ 给出，其中 K 是粒子的动能，V 是粒子沿着路径的势能 (见图 3)。

图 3　拉格朗日力学考虑从起点到终点的所有可能路径。物理路径 (或自然遵循的路径) 将是作用量最小化的路径。

最小作用原理指出，粒子实际采用的路径是使作用量最小化的路径。如果有多个解，则每个解都会使作用量达到最小或最大的极值。

这种看待事物的新方式使物理学家更容易在受限条件下研究力

6

学，例如，球从给定地形的山丘上滚下来，或者在不同表面上旋转陀螺。为了把拉格朗日力学形式化，欧拉和拉格朗日发明了一个称为变分法的数学领域，该领域涉及沿路径积分的极值，其解满足欧拉－拉格朗日方程。请注意，这比找到有限数量变量函数的最小值要复杂得多，因为存在无穷多个连接空间中两个点的路径。因此，从某种意义上讲，这等效于找到无穷多个变量 (构成所有路径的空间) 作用量函数的最小值。物理学家可以运用变分法来找到具有最小可能长度的路径。拉格朗日和欧拉的思想实现了对经典力学改造的可能性，为将来与 20 世纪物理学尤其是量子力学的结合打下了基础，特别重要的是，这是牛顿最初提出的方程式无法轻易做到的。

在经典力学的另一种形式中，哈密顿不像传统上那样单独考虑 $x(t)$，而是将 $p(t) = mv(t)$ 也作为基本变量。加上这个变量以后，我们就只需要一阶导数，不用再进行二阶求导了。哈密顿力学作为新术语，它标志着现代的双倍空间或相空间概念的开始，相空间是由位置和动量定义的空间。哈密顿力学在量子力学中很有用，我们将在后面讨论。今天，我们认为拉格朗日和哈密顿的力学公式比牛顿定律更一般、更基础，因此适用范围更广。这说明了一个事实，即物理学公理不是不变的，它的基本框架也不是不变的。两者都可以而且确实会随着时间而改变。

麦克斯韦电磁学

当詹姆斯·克拉克·麦克斯韦开始发展他的电磁学理论时，迈克尔·法拉第等人已经理解了电磁学的许多方面。为了统一不同的定律，麦克斯韦揭示了不同方程之间的数学矛盾，他通过在方程中添加一个

新的项 (现在称为麦克斯韦修正项) 来解决这一矛盾。这一项的数值很难在实验室中测量，但是他确实注意到它的隐含意义：即存在着由电场和磁场构成的波，以他的方程预测，这个波的速度接近于当时估计的光速。这激发了麦克斯韦的假设：光是电磁波！[3] 这又是数学逻辑能够预测新的物理现象的另一个证明：麦克斯韦的修正来自数学而非物理考虑。他发现了一个简单的数学上的矛盾，因此得出结论，光是由在空间中传播的电磁干扰组成的，这是人类思想的胜利，也是无数表明了数学原理足以启迪人们发现新物理定律的例子之一。

从真空中的麦克斯韦方程出发，可以推导出以下方程：

$$\frac{\partial^2 \vec{F}}{\partial t^2} = c^2 \nabla^2 \vec{F},$$

这里的 $\vec{F}$ 可以是磁场 $\vec{B}$ 或者电场 $\vec{E}$。这个方程的解给出了电磁波，它的速度是光在真空中的速度 c。

故事还远远没有结束，而且还由此引发了更多问题。如果引用这个方程，你会发现波确实以速度 c 传播。但是，究竟如何测量呢？我们是在谈论相对于地球的速度吗？还是太阳？这个方程与哪种观察者有关：只是静止的，还是对移动的观察者也适用？特别是，如果我们相对于惯性系以恒定的速度运动，牛顿定律仍然适用，但是这种运动的观察者测量到的电磁波速度自然会有所不同。当时，人们认为 c 不可能对于所有惯性系都是相同的，因为这将与牛顿力学中的速度定律相抵触。换句话说，麦克斯韦方程缺乏牛顿力学的对称性 (伽利略对称性)，

---

[3]他进一步假设这种波的传播需要一种称为以太的介质 [有关当时的科学思维方式，请参阅 Brewer 的《常见事物的科学知识指南》(*A Guide to the Scientific Knowledge of Things Familiar*)]，这一假设后来被迈克耳孙 – 莫雷实验证明是错误的。

该对称性告诉你，当改变惯性参考系时，物体运动的速度会发生变化，而这一变化取决于惯性系之间的相对速度。因此，乍一看，麦克斯韦的卓越洞察力似乎引起了矛盾。

接下来，亨德里克·洛伦兹介入，提供了一种数学方法来发现麦克斯韦方程的对称性，该对称性与基于牛顿力学所期望的对称性不同。洛伦兹变换告诉我们，当我们从一个参考系转到另一参考系时，电场和磁场以及位置 (x, y, z) 和时间 t 是如何变化的。这又使所有惯性系的方程式看起来都一样。换句话说，这引出了洛伦兹变换，与牛顿力学中的伽利略变换截然不同。但是这种表述具有奇异的物理效应，例如洛伦兹收缩，即在惯性参考系之间切换时长度会缩小的现象。洛伦兹特别注意到，为了使麦克斯韦方程成立，无论观察者相对于惯性参考系的速度如何，他都必须缩短长度。洛伦兹觉得这一发现难以理解，他试图用电力和其他概念来解释这一影响，但都没有成功。尽管他的数学理论非常出色，但还是无法提供完整的物理论证，他认为他的构造仅适用于电磁理论。对他所发现内容的正确解释必须等到阿尔伯特·爱因斯坦以此为基础发展出狭义相对论才真正达到了完善。

相对论

爱因斯坦的贡献表明，洛伦兹和其他人未发现的现象并不是电磁学所特有的，而是应该在整体上更广泛地应用于物理学。建立在这些想法的基础上，爱因斯坦发现了一个将质量和能量等同起来的简洁公式，这就是在科学史上最著名的

$$E = mc^2.$$

他的理论告诉我们，一直被认为是绝对的时空概念，尤其是时间概念，实际上取决于观察者的速度。此外，爱因斯坦发现，洛伦兹变换不仅仅是保持麦克斯韦方程一致所需的数学技巧，而且是时空的物理变换。这一观点最初遭到了来自物理学界的一些抵触，但是后来它的优点却得到了无可辩驳的肯定。当我们从一个特定的惯性参照系移到另一个，在爱因斯坦的狭义相对论中就会涉及线性变换。这样，狭义相对论在数学上就相当简单，也许对某些人来说，就其数学复杂性而言，甚至仅使用基本线性代数显得有些无聊。其实，这有助于说明一个事实，即深层的物理思想不一定必须来自深层的或复杂的数学：它们只需要来自数学的*自洽*。

接下去爱因斯坦走得更远，他开始着手重新研究牛顿的引力理论。几十年前，伯恩哈德·黎曼已经介绍了一种以他的名字命名的新几何原理。所谓的黎曼几何并不同意欧几里得的第五种假设，它允许出现三角形的非欧几里得现象：当它们所在的空间弯曲时，其角度之和不再等于 180°（见图 4）。黎曼的老师卡尔·弗里德里希·高斯以前曾怀疑这种现象可能在现实世界中发生，并且可以测量。高斯曾经提出过我们的宇宙是弯曲的。据说，他还曾经把三个山峰作为一个三角形的

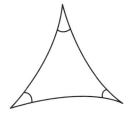

图 4 非欧几里得几何：不假定欧几里得平行假设，所以三角形内角和不一定是 180°。

顶点,通过测量这个三角形的三个角来观察空间的曲率 (见图 5),如果它们相加之和为 180°,光线就应该是直线并形成三角形的边,目前尚不清楚这一传说是否准确。他的测量结果表明,在实验误差的范围内,这三个角之和的确为 180°,这表明哪怕我们的宇宙是弯曲的,其曲率也很小,无法被他的实验分辨。

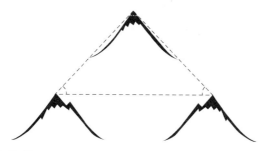

图 5　根据传说 (是否属实存在争议),高斯试图通过测量三个山峰顶部形成的一个三角形的内角来找出空间的曲率。尽管没有观察到任何异常弯曲,不可否认这是个非常有趣的想法。

黎曼认为黎曼几何应该有一定的物理应用,这可能并不令人惊讶。他甚至推测过,这个理论可以用来把电磁理论与重力理论统一起来。但是,黎曼几何学在物理学中的真正应用,还得等到爱因斯坦对牛顿重力的重新表述,以及他对广义相对论——麦克斯韦方程在引力理论里的类比——的发现才能实现。在爱因斯坦的广义相对论中,引力理论是一个完全几何的形式,在重力场中自由下落的物体的路径只是时空弯曲几何中的直线 (或短程线)。它们看似 "弯曲" (好像在加速),因为空间本身是弯曲的,就像橘子表面上两点之间的最短路径 (直线的类似物) 也是弯曲的一样。

今天,根据爱因斯坦久经考验的理论,我们知道宇宙确实是弯曲

11

的。我们也知道高斯当时是在正确的思路上，只不过因为他试图测量的曲率太小而无法察觉。黎曼和高斯都是数学家，后来他们发现的一些有趣的数学是通过爱因斯坦的相对论才应用到物理学上的。这里，我们看到了物理和数学互相促进，并在这个过程中推动了两个领域发展的另一个例子。这与狭义相对论不同，在狭义相对论中所涉及的数学几乎是微不足道的，而广义相对论的数学则非常复杂且深奥。不过，几乎同时出现的量子力学对于科学家则显得更加激进，甚至连爱因斯坦这位创造了这一领域的物理学先驱者都觉得那是非常神秘和令人感到困惑不解的。

量子力学

量子力学在基础物理学中引入了概率论的新奇概念。对于许多物理学家来说，这好像是一个倒退，因为这象征着我们无法再确定大自然的行为。物理系统会受到随机波动的影响，意味着日常的规则从通常的确定性变成是由概率来决定的了。正是出于这个原因，爱因斯坦一直对量子力学存在怀疑。他说："上帝是不会跟宇宙玩骰子的。"即使对于物理学家和一些从事最前沿科学的研究人员来说，量子力学也跟通常的直观概念相违背。就像理查德·费曼曾经宣称："任何说他们了解量子力学的人都是在撒谎！"不过，尽管如此，实际上，物理学界早就接受了量子力学，原因很简单，因为它与实验非常吻合。

量子力学与已确立的物理学原理之间的冲突导致了一些有趣的难题。在 20 世纪 20 年代，物理学家注意到电子似乎还具有一个额外的"自由度"，这是他们称为自旋的独立特征。尽管它与该术语的常规含义相似，但也有着显著差异。

埃尔温·薛定谔已经有了一个描述量子力学的方程, 适用于速度远小于光速的情况下 (薛定谔方程)。保罗·狄拉克希望把狭义相对论与量子力学结合起来, 找出在接近光速时也可以适用的方程。在这个过程中, 狄拉克发现他需要额外的自由度, 这就是新概念自旋的起源。这里数学又再次介入以调和物理的两个领域, 正如这里将要展示的, 这为物理学开辟了新的途径。

为了更好地了解这种情况, 我们首先来看一下非相对论的薛定谔方程[4]

$$\hat{E} = \frac{\hat{p}^2}{2m} + \hat{V}.$$

爱因斯坦有一个著名的方程式:

$$\hat{E}^2 = \hat{p}^2 c^2 + m^2 c^4.$$

狄拉克想要一个与狭义相对论相符且与爱因斯坦这个简洁的方程形式相同的方程式。为了获得与薛定谔方程相似的结果, 狄拉克希望在上述方程中将 E 的幂次从 E^2 降低至 E, 但并不是通过求平方根的方式来实现。意识到定义这样的方程需要 4×4 矩阵, 他引入了四个矩阵 α_k 和 β, 使得:

$$\hat{E} = \sum_{k=1}^{3} \alpha_k p_k c + \beta m c^2.$$

选取合适的矩阵后, 可以证明, 这一等式的平方可以给出爱因斯坦的方程。此外, 电子自旋的自由度恰恰是由这些矩阵产生的。因此, 数学

---

[4]在这个方程中, $\hat{E}$ 是能量算子 $i\hbar \frac{\partial}{\partial t}$, $\hat{p}$ 是动量算子 $-i\hbar\nabla$ (质量 m 仍然是一个数), $\hat{V}$ 是势能算子。

思想使狄拉克成功地解释了电子自旋的起源，再次说明了抽象数学是如何阐明物理学的。狄拉克方程不仅在物理中，而且在数学中都是最著名的结果之一，而且自此以后，物理和数学这两个领域的研究人员对这些课题共同开始了研究。

但是，很快沃尔夫冈·泡利就向狄拉克指出，他的方程式会拥有任意负能量的状态。狄拉克认为这是一个需要解决的主要问题，他试图利用泡利的不相容原理消除这一问题。该原理规定，两个电子不能共享同一轨道。狄拉克提出，与负能量相对应的轨道已经被占据 (见图6)，具有负能量的粒子会形成所谓的"狄拉克海"。因此，没有其他电子可以进入负能量轨道，从而解决了这个问题!

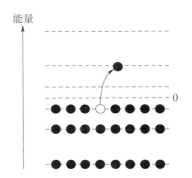

图 6 狄拉克方程拥有具有正能量和负能量的解。狄拉克试图通过引入填满电子负能态的"狄拉克海"来解释这一现象。当来自"海洋"的电子之一跃升为正能量状态时，它会留下一个空穴，即一个带有正电荷的粒子，该粒子在其他方面与电子相同只是带电不同。

然而，物理学家注意到，这种想法提出了一种奇怪的可能性，即粒子可能会从"海洋"中被激发后跃迁到更高的能量状态，从而留下了一个正电荷的空位，其大小与电子的电荷相同，表现为一个带有与电子相反电荷的新粒子。狄拉克起初试图消除这个问题，声称带正电荷的新粒子不过是一个质子。但是其他物理学家指出，带正电的粒子必须具有与电子相同的质量，这从狄拉克方程可知，而质子比电子重约2000倍。最后，狄拉克不得不接受这样一个事实[5]，即他的方程式要求存在一个带电子质量的带正电荷的粒子，该粒子后来被称为电子的反粒子。由于不存在这样的粒子，他的理论开始受到严重的质疑。甚至狄拉克也开始避免谈论他的方程的这一方面，直到不久之后，卡尔·大卫·安德森通过检查他粒子云室中的宇宙射线发现了这个被称为正电子的粒子的实验证据。果然，正电子除具有相反的电荷外，还具有与电子完全相同的特性。再次，数学上的优雅引出了新的物理学预测，起初很难相信，但最终还是被证明是正确的。

量子力学最初只在有限的领域内适用，因此需要对其进行重新描述，使其适用于麦克斯韦的电磁力场论。这种重新描述是由理查德·费曼和其他人完成的，他们大力借鉴了欧拉和拉格朗日在重新描述牛顿力学时所采用的方法，现在我们继续来谈这个问题。

量子场论

正如我们已经讨论过的，经典物理学认为，粒子所取的路径将使作用量最小化。量子场论提出了一种更为复杂的观点，即粒子不仅仅只沿一条路径运动，而是采用了所有可能的路径，并且为每个路径分配了一个相位 (单位长度的复数)。粒子从任何一个起点到任何一个终点的概率与相位之和成正比。现在，我们用更具技术性的语言来讨论

---

[5]有关这一部分内容、格雷厄姆·法梅洛 (Graham Farmelo) 撰写的《最奇怪的人：保罗·狄拉克的隐秘生活，神秘的原子》(*The Strangest Man: The Hidden Life of Paul Dirac, Mystic of the Atom*) 一书可读性非常高。

(读者可以选择跳过)。

费曼量子力学的路径积分表述 (应用于粒子) 假定，在点 (x_1, t_1) 和 (x_2, t_2) 之间，粒子将遵循以作用量指数加权的路径运动：

$$\int \mathcal{D}(X(t)) e^{\left(\frac{i}{\hbar} \int (K-V) dt\right)},$$

其中 $\hbar$ 是普朗克常量，积分是在 (x_1, t_1) 和 (x_2, t_2) 之间的所有路径的空间上。积分是一个复数，其模数平方给出了粒子从时间 t_1 的 x_1 到时间 t_2 的 x_2 的概率，经典路径对应于 $\hbar \to 0$ 这一极限。取这一极限时，用于计算积分的平稳相位方法很好地近似了使作用量取极值的路径。尤其是，它们将对应于经典轨迹。费曼对薛定谔量子力学的重新表述产生了一种理论，该理论类似于牛顿力学的欧拉–拉格朗日以作用量原理为基础的重新表述。牛顿力学的欧拉–拉格朗日表述很容易适应量子力学 (与牛顿定律的原始形式不同)，这就是为什么如今我们认为它们更为基础。

请注意，根据路径积分对量子力学进行数学上的重新定义将涉及一个无穷维积分，因为所有可能路径的空间都是无穷维的。然而，这在数学上已经是精确的。但是，费曼也将此路径积分方法应用于麦克斯韦的电磁学理论，对所有电场和磁场进行积分。这包括在 $\mathbb{R}^4$ 上函数的无穷维空间。这一积分的数学复杂性远远超过在路径的无穷维空间上的积分。

这是量子场论的一个重要问题，它的数学基础在最初引入后约 70 年仍在发展! 尽管没有量子场论的严格数学表述，物理学家还是开发了一系列计算工具，包括各种近似技术，其结果与实验结果相匹配，具有极高的准确性。

量子引力

在费曼理论的早期尝试中，物理学家无法将广义相对论与量子场论调和为统一的量子引力理论，即用这个理论在单个粒子水平上描述引力。运用针对量子场论开发的计算技术，人们发现涉及量子引力的物理振幅——例如两个相互碰撞的引力波量子 (被称为"引力子") 的散射——会达到无穷大。这是一个严重的问题，因为概率大于 1 (更不用说无穷大) 是没有意义的概念。

还应该指出的是，即使我们确实有一个完全统一的量子引力理论，对这种理论的确认也将远远超出当前的实验手段，因为探测它所需要的能量非常高，比目前在实验室中能够实现的要高出许多个量级。鉴于用实验来证实的可能性不大，同时，将量子力学与广义相对论融合的研究似乎又导致了荒谬的结果，一些物理学家不愿从事量子引力理论的研究。然而，以麦克斯韦、狄拉克等人为例，许多物理学家都知道，发现明显存在的矛盾确实令人头疼，但同时也可以看成是幸运的——因为这往往是一个突破的机会——找到矛盾的最终解决或者调和常常会使物理向前发展。这就是为什么物理学家一直试图解决这一矛盾之处，以期建立一个可行的统一理论。

一个意外引出了可能的解决方案。在 20 世纪 60 年代后期，物理学家对涉及强子的亚原子粒子散射的实验结果感到困惑。他们研究了两种过程。在第一种情况下，一个粒子发出了第二种粒子吸收的东西。在第二种情况下，两个粒子合并形成一个粒子，然后再次分成两个粒子 (见图 7)。尽管这些过程看起来截然不同，但得到的结果却是相同的。尽管物理学家认为其中涉及一种新的对称性，他们却仍然不知道如何解释为什么会发生这种情况。

随后，研究人员发现，如果将原来模型中的点状粒子换成细长的振动弦，就可以解释这种对称性，并且可以将两个看似不同的物理过程视为一个相同的过程。刚开始时，弦被认为是缺乏物理合理性的数学对象，不过，很快这个设想被普遍接受，并被证明是富有成果的。实际上，这是弦理论的起源，弦理论是用弦代替粒子 (强子) 作为自然的基本组成部分的理论。通过这种方式，上述对称性得到了几何上的解释：随着弦的运动，它们会形成管状，并且当它们连接和分裂时，它们会创建曲面。两个散射通道对应于相同的曲面，因此可以解释这种对称性 (见图 7)。

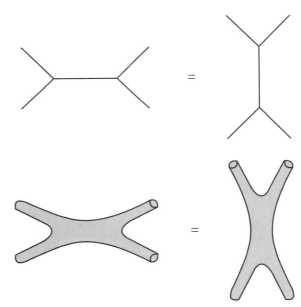

图 7　两个不等价粒子散射过程的弦散射图具有相同的拓扑。

后来发现，尽管弦理论对强子还不能做出很好的描述，但是它对引力量子化却有了很好的解释, 弦的最低能态性质 (自旋为 2 的无质量粒子) 与引力子的性质一致, 这个引力的量子激发 (就像光子是电磁场的量子激发一样) 特点使其成为引力量子理论的主要候选者。如果我们把引力子看作细小的弦而不是点粒子, 那么许多困扰着早期理论的发散性就消失了。

弦理论涉及大量现代数学。这个领域的研究受到了数学的很大影响, 确实可以说是数学让它成形起来的。作为回报, 弦理论对纯数学的发展也有了极大的推动。弦理论目前被视为描述量子引力理论的主要候选者。此外, 作为副产品, 它似乎还能把作用力统一到一个框架中, 把所有的作用力都视为弦的体现以及它们的分裂和结合。这就是弦理论在目前基础物理学的位置: 一个理论上和数学上都相当成熟的理论 (我们将在后面讨论), 但尚未进行实验验证, 这是由于弦理论是在极小尺度之下的研究, 实验的难度太大, 预计在不久的将来出现成功实验的可能性也不会太大。

2

对称与守恒定律

众所周知，对称的物体非常能吸引人的目光。除了美感以外，对称还会让人有一种安定的感觉。仔细想一下，这是不是在暗示着这样的一个观念：我们的世界存在着某种深层（或全局）的结构和秩序？人们一直对六边形雪花的错综复杂感到惊奇，这是自然之美一个经常被引用的例子。类似地，看起来对称的人脸通常被认为更具吸引力。对称性也对建筑产生了深远而明显的影响，现代世界的七大奇迹之一，印度的泰姬陵是一个很好的例子，如果从正面看泰姬陵的话，它就是完全对称的。

对称性在物理学定律和具体应用中的强大作用也非常令人惊讶，这一作用远远超出了它的美学吸引力。对物理学家来说，对称不仅仅是对象的一种属性（例如正六边形或八边形），它反映了平衡完美的构造和内部结构。物理中对称的定义通常是指，在这一对象或系统上执行操作后，它将保持不变。此类操作包括将等边三角形围绕其中心旋转 120° 或将正方形旋转 90° 等。圆或球绕其中心的旋转则是连续对称的例子，对任何旋转的度数都是如此。另一方面，正五边形则具有离

21

散的对称性:旋转 72° 或其倍数可使它保持不变。

然而,对称性的范围可以进一步扩大,德国数学家艾米·诺特在一个多世纪前证明的定理说明了这一事实。诺特指出,对于自然的每个连续对称性,都有相应的守恒定律。利用这一定理,可以严格地从以对称性为依据的数学论证中得出重要的物理学原理,例如能量守恒、线性动量守恒和角动量守恒,这将在本章稍后进行讨论。

引人深思的谜题

正如我们之前所说,谜题可以有效地揭示物理与数学之间的微妙相互作用。正如以下的例子所希望揭示的那样,它们在说明对称性和守恒定律之间的联系时特别有用。

谜题 现在我们要用 31 块多米诺骨牌来覆盖标准棋盘 (64 格)。每个多米诺骨牌可以覆盖两个相邻的正方形。注意,我们只有 31 块多米诺骨牌,这将留下两个正方形 (图 8)。这个谜题是:怎样才能让多米诺骨牌覆盖所有正方形,只留出棋盘的两个对角空位?

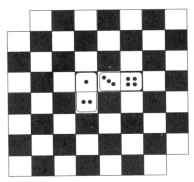

图 8 用 31 块多米诺骨牌覆盖所有正方形,只留出两个对角空位。

解答 这个问题无解。分析如下：把一块多米诺骨牌放在棋盘上时，它会覆盖一个黑色正方形和一个白色正方形，所以留出的两个空位也会是一黑一白。而对角的两个格子却具有相同的颜色，因此没有办法解决这个问题。这就是一个守恒定律的例子。我们可以这样来分析这个求解过程：定义 $N_\text{黑}$ 和 $N_\text{白}$ 代表未被覆盖黑白方块的数量。当我们将多米诺骨牌放在棋盘上时，数字 $N_\text{黑}$ 和 $N_\text{白}$ 会改变，但是差数 $\Delta = N_\text{黑} - N_\text{白}$ 不会改变，因为每个多米诺骨牌正好覆盖一个黑色和一个白色方块。换句话说，Δ 是一个恒量；它将永远保持不变。

也可以这样来分析题目的解：假设我们已成功完成题目的要求，那么我们将会有 $\Delta = 2$。但是，在开始放任何一块多米诺骨牌之前，我们有 $\Delta = 32 - 32 = 0$，并且确定这个数字是守恒量，这样就造成了矛盾。换句话说，最初提出的问题是无解的。

谜题 这是一个一笔画问题：假设有一个 4×6 的网格，在右上角有一个入口，在第二行最左边的方形中有一个出口。

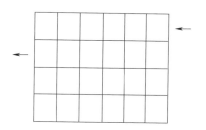

是否可以只在水平和垂直方向上移动，走遍整个网格并且只通过每个方形仅仅一次？

解答 对于那些寻求肯定答案的人来说，很不幸，这是不可能的。我们可以这样考虑：把相邻的两个方格交替着色成黑色 ■ 和白色 □，这样两个相邻的方形颜色相反。然后，入口和出口方形是相同的颜色，但是每个步骤都从一种颜色的方形变为另一种颜色。因此，最后一步是偶数步，应该是黑色的。因此，不可能在相同的颜色方块上开始和结束，同时又恰好只在每个方块上通过一次。

这里看到的对称性 (此处为不同颜色方形之间的对称性) 是一个强大的不变性。但是，着色并不能完全决定该出入口网格问题的可行性。考虑下面的例子，现在，出口和入口是第二行上最左边和最右边的方形。

试过几次后就会知道，很明显这是做不到的。所以，仅考虑奇偶性，我们不能彻底证明这个出入口网格问题的可行性。

对称

就像我们说过的那样，对称涉及对系统的转换，使它看起来与以前一样。如图 9 所示，等腰三角形对它底边上的高具有反射对称性。

对称性与不变性概念是密切相关的。换句话来说，对称性这个术

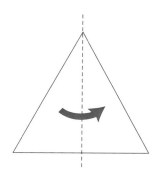

图 9　等腰三角形对其底边上的高具有反射对称性。

语几乎可以与守恒符号互换使用,它指的是,进行一些变换会使原始对象或状态保持不变。

对称性是物理学中普遍存在的原理,我们认为对称性可以作为固有的、不可违反的特征,应该能自动运用到自然法则中去。但是也有一些特例。比如,我们可以想象物理定律在对称性 (例如反射) 下是不变的。特别是,如果某一事件正在以某种方式发生,我们可能会假定其镜像在物理上也应该是可能的。这一条虽然在有些情况下是正确的,但在其他情况下却被证明是错误的。举一个例子,有些粒子具有手性 (这意味着它们的旋转和运动方向遵循右手定则),但是此粒子的镜面反射将具有相反的手性,并且手性相反的粒子不存在或具有不同的特性。例如,电子具有手性,即顺时针旋转的电子与逆时针旋转的电子跟其他粒子的相互作用是不同的。因此,物理在反射下不是不变的。反射对称通常称为 "宇称性"。

谜题　取出一副扑克牌的红桃,放成一叠。然后交替进行以下操作:将最上面的牌放在桌子上,然后将下一张牌放在这叠牌的下面 (从第一张牌放在底下开始),如果要求最后这些牌按 1, 2, ⋯, J, Q, K 排列的话，最初的那一叠牌应该如何排序？

解答 解决方案有很多，但是下面是一个非常简单的方法：按顺序排列扑克牌——1，2，…，J，Q，K——并简单地反过来操作，就好像你正在倒过来播放电影一样 (交替从桌子上拿起一张扑克牌并将其放在这叠牌的顶部，再将这叠牌底部的扑克牌放在顶部)，直到这一叠牌被重新放好为止。

这个谜题与对称性有什么关系呢？这是时间反演操作的一个示例，它是将我们已经讨论过的空间中的反射对称作用于时间上的形式。时间反演在某些物理系统中有一种对称性。在上面的例子中，即使我们反转时间箭头并且让情景倒退，我们也可以排好纸牌，使之当时间向前进行的时候，纸牌会完全按照我们想要的方式展开。

我们在上一章中简要讨论过的另一个对称性是物质与反物质 (例如电子和正电子) 之间的对称性，它们的唯一区别是它们各自电荷的符号。这种对称性称为"电荷共轭"。事实证明，单独使用时，时间反演、宇称 (空间反射) 和电荷共轭不是自然的实际物理对称。但是，一个深刻的事实是，将爱因斯坦的相对论和量子力学结合起来，就可以得出这样的结论：当这三个特征合为一体时，它们确实代表了物理学上的对称性。换句话说，如果我们从任何物理系统开始，并考虑其镜像，然后反转时间箭头以使其倒转，并用它的反粒子替换每个粒子，我们将得到一个可行的物理系统。[6]

物理确实具有更强大的连续对称性，例如平移。考虑一条直线。它

---

[6]有人可能会说时间反演对称性不是物理学中精确的对称性，因为我们拥有标志着确定的起点和因此明确的时间方向的大爆炸。但是，这个论断本身并不能告诉我们时间反演不是对称的，因为时间反演的形式 (即收缩的宇宙) 也将是一个可行的宇宙。

具有平移对称性 (图 10)：

图 10　将直线沿自身移动的话，我们会得到同样的直线。

如果我们沿自身移动直线，它会回到自身位置。换句话说，它是不变的。当然，为了使它成为实际物理系统的对称性，我们将需要移动直线上的所有一切，以便使物理看起来相同。沿时间方向平移则是另一种对称性。如果我今天做一个实验，明天再做一个相同的实验 (假设宇宙中的一切条件都与今天相同)，那么这些实验及其结果将是相同的。

旋转提供了一种连续的对称性，这种对称的最好说明可以用一个球体来做，因为球体在绕其任何轴的所有旋转中都是不变的 (图11)。

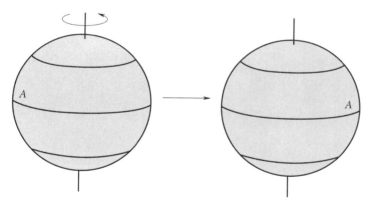

图 11　绕着球的轴旋转是一种对称性。

虽然大多数人都熟悉空间旋转对称的概念，但其中一些对称可能相当微妙。例如，洛伦兹变换是在 4 维时空中旋转，这实际上涉及空间和时间的混合：空间被旋转到了时间的方向，而时间旋转到了空间的方向。空间和时间坐标之间的相互旋转给出了一种更广泛的对称性，

27

它正好是爱因斯坦的狭义相对论特别需要的。[7]

诺特定理

对称性与守恒定律之间有着深刻的关系。所谓守恒，是指一个物理量保持不变且不会随时间变化。例如，如果我们有 10 个真正坚不可摧的球，那么球的数量将不会随时间变化。事实证明，物理学中的每个对称性都暗示着自然界中的一个守恒量。这个说法是 1918 年诺特定理的结果，该定理认为，对于每个连续对称，都必须存在一个相应的守恒定律。除了形式优美以外，本章前面讨论的对称性在物理学中也扮演着不可缺少的角色。

例如，空间中的平移对称涉及这样一种思想：在所有其他条件都相同的情况下，在不同地点进行的实验应该会得到相同的结果。然而，同样的对称性还有更广泛的影响：它不可避免地推出了动量守恒 (质量乘以速度)。这本身就相当惊人，因为相比物理实验的结果不取决于所做地点这一明显事实，动量守恒是一个复杂得多的命题。

反过来，这些结果可用于重新描述牛顿力学。例如，让我们考虑两个粒子 1 和 2 的动量守恒：

$$\frac{\mathrm{d}}{\mathrm{d}t}(\vec{p}_1 + \vec{p}_2) = 0.$$

这个微分方程表明，这两个粒子的动量变化为零，这意味着总动量是守恒的 (根据物理定律必然如此)。然后我们可以定义对粒子 i 的作

---

[7]对于数学程度高的读者：群在 3 维空间中的旋转为 SO(3)，这里长度 $x^2 + y^2 + z^2$ 不变，而洛伦兹群在时空中的旋转为 SO(3,1)，其中包括空间和时间混合转换，这样 $x^2 + y^2 + z^2 - c^2t^2$ 是不变的，c 是光速。

用力为

$$F_i = \frac{\mathrm{d}}{\mathrm{d}t}\vec{p}_i.$$

这样, 我们不仅重新得到了牛顿第二定律,

$$F = ma,$$

也证明了他的第三定律——作用力和反作用力相等: 从上面的等式我们可以看到粒子 1 和粒子 2 上的力之和为零, 这是牛顿第三定律的另一种说法, 即这两个力相等且相反。

还记得我们前面说过的话么: 物理学中哪些定律是基本原理并不总是很清楚? 现代物理学观点认为, 动量守恒比牛顿运动定律更为根本, 因为前者 (而不是后者) 是对称原理的直接结果, 并且具有更大的适用范围。

现在我们开始看到对称性与不变性或守恒性之间的紧密联系。到目前为止, 我们讨论的三个连续对称性导致以下守恒定律:

- 空间平移下的对称性导致线性动量的守恒;
- 时间平移下的对称性导致能量守恒;
- 旋转对称导致角动量守恒。

谜题 我们有两个容器, 一个装着绿色涂料, 另一个装白色涂料。容器的大小相同, 并且所装的涂料量也完全相同。假设我们用一个杯子从装着绿色涂料的容器中取出一杯绿色涂料, 把它倒入白色涂料容器中。然后, 我们再从这个有混合涂料的容器中用杯子取出相同数量的涂料, 倒回绿色涂料容器中 (图 12)。问: 是白色涂料容器中绿色涂料的浓度高, 还是绿色涂料容器中白色涂料的浓度高?

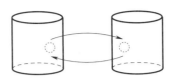

图 12　从绿色涂料容器中取出少量，放入白色涂料容器中，混合均匀后取相同容量倒回绿色涂料容器。

解答　两个浓度相等，而且必然相等！这是由于总体积开始时是相等的，最后在每个容器中的体积也是相等的。因此，在两次取出并再次倒入的过程结束时，从绿色容器中移出的任何体积的绿色涂料只能用相等体积的白色涂料代替，两个容器里涂料的体积是守恒的。因此，绿色容器中缺失的绿色涂料的量必然等于白色容器中缺失的白色涂料。因此，我们得出两个容器中混合物的浓度相同。这是体积守恒定律非常有用而且很好的简单例证。

这个谜题背后的想法也可以用一副纸牌来说明。拿 10 张红牌和 10 张黑牌。从第一组中取出三张红牌，并把它们跟黑牌混合。然后将黑牌 (现在包含了多出的三张红牌) 洗牌，并从这混合的牌堆中抽出三张牌，然后把它们放回红色牌堆中。请你证明——使用红牌和黑牌数量守恒的一般概念 (如前例中的体积守恒) ——最初红色牌组中现在的黑牌数量必定与最初黑色牌组中现在的红牌数量一样多。

谜题　从一副牌中取出一张有编号的牌，如何快速知道哪张牌被取出了？

解答　所有牌上数字总和的个位数字为 0，因为一副牌中所有牌上的数字总和为 220。一种非常有效的方法是把剩余牌上的数字以 10 为模相加起来 (即仅保留个位数字)。例如，如果总和为 3，那么你马上就会知道缺少 7；总和为 9 就是缺少 1。再快速浏览一次这副牌，便可知道已取牌的花色。这里再次发挥作用的关键原理是考虑一个守恒定律，在这个例子中，守恒定律与所有牌上总和的个位数字有关。

在某种程度上，这使人想起了把能量守恒应用于物理学中亟待解决问题的最著名例子之一，即泡利对中微子这个基本粒子的预言。当时，物理学家发现某些粒子的衰变产物似乎能量不守恒。衰变产生的粒子的能量总和跟原始粒子的能量并不一致。对此，在 1930 年泡利的推测是有一个微小的新粒子，他称之为中微子，他认为这种粒子具有的那一部分能量没有被探测到，也就没有引起人们的注意。泡利打赌说永远不会发现中微子，因为它们与物质的相互作用太弱了，但是泡利输了：中微子是 1956 年被发现的。

谜题 你有 10 个盒子，每个盒子有 10 个砝码。其中，9 个盒子的重量为 1 kg，但有 1 个盒子里的砝码有缺陷，重量为 0.9 kg。给你一个数字秤，它可以用来称你选择的任何砝码子集的总重量。如何在一次称重中检测出砝码有缺陷的盒子？*

解答 将盒子标记为 1 到 10，并从第 n 个盒子里取 n 个砝码。可以通过实际重量与如果没有盒子有缺陷会测到的重量 (即 $1 + 2 + \cdots + 10 = 55$) 之差来确定哪个盒子有缺陷。

谜题 考虑在第一象限中的正方形无穷网格，或是标准笛卡儿坐标中的右上角。我们将圆块放置在某些方格上，并允许它们按照特定规则进行更改：每块都可以替换为两块，其中一个在正上方的格子上，

---

*本谜题蕴涵每个盒子里的砝码等重的假设，即没有缺陷的砝码每个重量是 100 g，有缺陷的砝码每个重量是 90 g。——译者注

另一个在紧靠其右边的格子上，前提是这两个格子都空着。假设我们从网格左下角的前三个格子中的三个圆块开始，如图 13 所示。使用上面讨论的操作，确保这三个正方形格子上没有圆块。这可能吗？

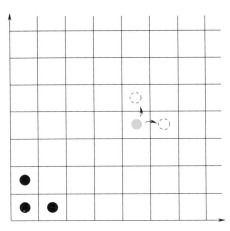

图 13　一个无穷正方形网格，在方格上有一些圆块，只有两个格子都为空时，才可以用两块来替换每个圆块：一个在正上方，另一个在右边。

解答　不，这是不可能的。要了解为什么不可能，可以这样来分析：让我们为该网格中的每个正方形分配一个数字，以使一个正方形的数值等于其上方和右方的两个正方形的和。更具体地说，让我们将数字 1 分配给左下角的第一个正方形。然后，让我们将数字 1/2 分配给其上方和右方的正方形。这两个正方形构成了我们所说的第一个对角线。下一个对角线由三个正方形组成，每个正方形分配数字 1/4。其后的对角线由四个正方形组成，每个正方形分配数字 1/8，依此类推。每次我们移到下一个对角线时，分配的数字都会减半。

现在，将所有被圆块占用方格的数值相加。请注意，用两块替换一块的操作保持总值不变：其中一块向右水平移动，另一块垂直向上移

32

动。换句话说，我们有一个关于被圆块占用方格的总数值的守恒定律。该值一开始是 $1 + 1/2 + 1/2 = 2$。请注意，如果所有方格都被占用，总数值先在垂直方向上累计求和，等于

$$[1 + (1/2) + (1/4) + (1/8) + \cdots] \times [1 + (1/2) + (1/4) + (1/8) + \cdots] = 4.$$

由于前三个方格的数值之和为 2，这意味着如果想要成功将圆块移出前三个方格，它们即将占用的方格的总数值必须还是 2。但是，这只能当网格中的所有其他方格都被填满的情况下才能完成，因为所有方格 (包括前三个) 的数值总和是 4。因此，这一任务不可能以有限的步数或在有限的时间内完成。

谜题 假设战场中的士兵人数是奇数，而且他们彼此之间的距离各不相同。所有士兵被指示要监视距离他们最近的士兵。请证明至少有一名士兵没受到监视。

解答 选取两个距离最近的士兵，他们别无选择，只能互相监视。然后将第二组最近的士兵配对，依此类推。鉴于士兵人数是奇数，不可避免地会留下一名未被监视的士兵。

等一下，让我们再想一想，这种说法会不会有谬误？如果一名士兵最靠近已经配对的另一名士兵怎么办？假设第一次发生有 n 名未配对士兵的情况。那么其中一名士兵将不会监视 n 名士兵中的任何一个，因为他要监视的是已配对的士兵。因此，最多有 $n-1$ 名士兵在监视 n 名士兵。换句话说，至少有一名士兵不会受到监视。

谜题 这是一个一笔画问题：能不能一笔画出以下形状 (图 14)，即不能抬起笔或重复描画任何线段？

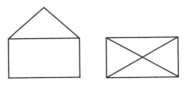

图 14　在不抬起笔或重新描边的情况下画出上述形状。

解答　对于第一种形状,我们可以做得到,但对于第二种形状,我们做不到。为了在不抬起笔的情况下绘制图形,图形的每个顶点必须有偶数条连线 (第一个和最后一个顶点不同的情况可能除外)。这是因为每个中间顶点必须进入和离开相同次数。奇数次表示顶点是起点或终点,而不是中间经过的点。一种等效但更抽象的表述方式是,所有中间顶点的边数模 2 必须为零。此外,最多可以有两个顶点与奇数关联,并且这些顶点只能是开始和终止的顶点。因此,对于第一个图,很明显我们知道应该选择从哪里开始。第二个图有 4 个顶点,每个顶点都有 3 个边,根据我们刚才所说的,不抬起笔就无法描绘出该形状。

谜题　在一块矩形桌板上放置硬币 (图 15),并遵守以下规则:

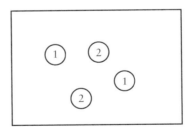

图 15　两人轮流在桌上放置硬币的游戏,硬币不得重叠。

(1) 每个硬币的中心必须完全包含在桌板的边界内;

(2) 硬币不能重叠。

这是一个两人轮流放置硬币的游戏。假设我们有无穷多的硬币! 按照规则放置硬币的最后一个人将获胜。如果你先放硬币, 如何确保胜利?

解答 要想取胜必须把第一个硬币放在桌板的中央 (图 16)。

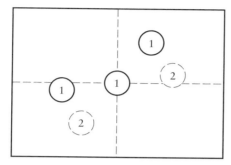

图 16 取胜的策略。

请注意, 桌板具有二重对称性, 这意味着对于桌子上的任何点, 其围绕桌子中心的反射也是桌子上的一个点。这意味着, 无论对方将硬币放置在何处, 都可以始终将硬币放置在对称的相对位置。由于桌板的对称性, 如果对方行动是合规的, 那么你的行动也一定是合规的。

谜题 你要同时和两位国际象棋大师下棋。然而你的棋艺不高, 即便如此, 你还是希望至少赢得一场比赛或在两场比赛中取得和局! 在第一盘棋中, 大师执白先行; 在第二盘棋中, 你执白先行。你的策略是什么?

解答 策略是: 模仿另一盘棋大师的下法。不管在第一个棋盘上大师怎么下白棋, 你在第二个棋盘上就怎么下; 不管第二位大师如何用黑子回应, 你在第一个棋盘上用黑子做同样的回应。这样, 根据对称性, 这两盘棋相同, 因此它们的结果相同。但是你在两盘棋中所处的位置却是相反的。因此, 如果你输了一盘棋, 同时就赢了另一盘。同样, 如果你有一盘棋下成和局, 那么你的两盘棋一定都是和局。

超对称

物理学中有更多的抽象对称性，其中一个典型的例子称为超对称性。假设这种对称性在自然界得到证实，其结果之一就是每个粒子都有一个称为其超对称粒子 (也被称为 "超伙伴") 的影子粒子。超对称粒子将具有与原始粒子相同的属性，但具有不同的自旋。例如，标量电子是电子的超对称粒子。它具有与电子相同的质量和电荷，但是与电子不同，它没有自旋。

从更专业的角度来看，我们可以通过添加其他坐标来扩展超对称理论中空间的维数。新空间称为超空间。例如，我们可以拥有超空间 (x, y, z, t, θ)。但是，额外的坐标与其他更熟悉的坐标有很大不同：θ 是所谓的格拉斯曼坐标 (或费米坐标) 的一个例子。与通常的坐标 $xy = yx$ 不同，一对格拉斯曼坐标是反对易的。换句话说：$\theta\alpha = -\alpha\theta$。假设 $\alpha = \theta$，我们就有 $\theta^2 = 0$。格拉斯曼坐标对应类似于空间方向的额外方向，并且超对称现象与这些方向的平移不变性有关。我们规定以下条件：

$$\theta \cdot \theta = 0, \tag{2.1}$$

$$\frac{\partial^2}{\partial\theta^2} = 0, \tag{2.2}$$

$$\theta\frac{\partial}{\partial\theta} = -\frac{\partial}{\partial\theta}\theta. \tag{2.3}$$

超对称导致另一种对称，即在空间中平移的平方根。例如，定义函数 $f(x)$。如果 x 的变化为 ϵ，则函数值随其导数变化：$f(x + \epsilon) \approx f(x) + \epsilon f'(x)$。这一对称性由算子 $\frac{\partial}{\partial x}$ 生成，在这里我们对此不做更精确的解释。这个平移对称生成元的平方根将是一个算子 D_θ，$D_\theta^2 = \frac{\partial}{\partial x}$。

这很难想象, 但是超对称可以做到这一点。考虑以下数学公式:

$$D_\theta = \frac{\partial}{\partial \theta} + \theta \frac{\partial}{\partial x}.$$

则

$$D_\theta^2 = \frac{\partial^2}{\partial \theta^2} + \theta^2 \frac{\partial^2}{\partial x^2} + \frac{\partial}{\partial \theta} + \frac{\partial}{\partial x}\left(\theta\frac{\partial}{\partial \theta} + \frac{\partial}{\partial \theta}\theta\right).$$

如果我们记得反对易变量规则, 那么几乎所有各项都消失了, D_θ^2 简化为 $\frac{\partial}{\partial x}$。还要注意, 该空间上的函数的幂级数形式为

$$f(x, \theta) = f(x) + \theta g(x). \tag{2.4}$$

没有更高阶的项, 因为 $\theta^2 = 0$! 因此, 这个超空间上的一个函数可以看成一对函数 f 和 g。这就相当于可以观察到每个粒子变成了一对, 即它和它的超对称粒子。

乍看之下, 超对称性的概念可能很奇怪, 但它是弦论以及某些量子场论中必不可少的组成部分。通过抑制量子涨落, 超对称性使量子力学看起来更加经典。但是, 目前尚没有实验证据表明存在标量电子(电子的超对称粒子) 或总体上具有超对称性。研究人员希望对撞机实验能很快提供一些证据。

准晶体和对称

这是一种有点不寻常的对称性, 即准晶体的对称性。

在进行此讨论时, 你可能已经看到具有离散群对称性的各种平面密铺: $\mathbb{Z}/2, \mathbb{Z}/3, \mathbb{Z}/4, \mathbb{Z}/6$ ($\mathbb{Z}/n$ 表示旋转 $2\pi/n$。因此, $\mathbb{Z}/2$ 群涉及 π 弧度或 $180°$ 的旋转对称; 类似地, $\mathbb{Z}/3$ 涉及 $120°$ 的旋转; $\mathbb{Z}/4$ 涉及

90° 的旋转，等等)。[8] 见图 17。

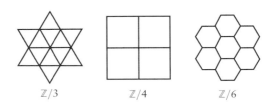

$\mathbb{Z}/3$ $\mathbb{Z}/4$ $\mathbb{Z}/6$

图 17　我们可以构造具有 3 重、4 重和 6 重的对称周期性图案。

也有晶体具有准对称性。这种晶体被称为准晶体，可以使用彭罗斯密铺生成。密铺由五边形组成，这些形状都具有 $\mathbb{Z}/5$ 对称性，但晶体总体上不具有旋转对称性。它是准晶体，因为严格来说它不是周期性的，但几乎是周期性的 (图 18)。准晶体具有类似于晶体的结构，几乎具有对称性，但不完全对称。每个局部看起来是对称的，但没有全局对称性，即使这些结构几乎是周期性的。

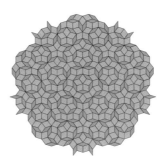

图 18　具有准晶体对称性的晶体 (彭罗斯图由 Inductiveload 制作，发表在 Wikimedia 上)。

---

[8] 一个简单的数学推理表明，只有这些角度的旋转可以作为平面上平铺的旋转对称性：与 $2, 3, 4, 6$ 阶旋转相关的矩阵是迹等于整数的矩阵。为什么会这样呢？晶格 $\simeq Z^2$ 的任何变换都可以写成整数项，因为可以将旋转作用于生成晶格的某些矢量，所以应将矢量映射到其他矢量的整数组合。因此，这样的矩阵具有整数迹。另一方面，$\mathbb{Z}/5$ 旋转将给出迹 $2\cos(2\pi/5)$，它不是整数，而对于 $n = 2, 3, 4, 6$，$2\cos(2\pi/n)$ 是整数迹。

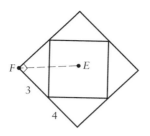

有趣的是,哈佛大学的研究员陆述义和普林斯顿大学的物理学家保罗·斯泰恩哈特发现,几个世纪以前建造的许多清真寺都装饰有准晶体的结构,这表明,彭罗斯密铺的整体想法大约始于公元 1200 年——远在罗杰·彭罗斯于 20 世纪 70 年代开始研究它之前。因此,古代文明也赞赏准晶体几乎对称的结构之美。但是那些建筑师的动机与我们不同。他们不是在用对称原理为物理建模,而是试图在视觉中创造出巧妙而令人愉悦的效果!

自然界中的许多固体都是晶格状的,它们拥有我们所讨论过的对称性。有意思的是,自然界中也有一些化合物是准晶体,它们具有巧妙的对称性!丹·谢赫特曼由于在自然界中发现准晶体而荣获 2011 年诺贝尔化学奖。

谜题 下图中 EF 的长度是多少(E 在正方形的中心)?

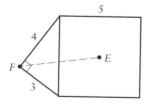

解答 关键是将图形扩展到对称图形。

现在我们可以看到 EF 是边长为 7 的正方形的对角线的一半。

$EF = 7/\sqrt{2}$，这是从勾股定理中得来的。我们也可以换一个角度来考虑，上述对称性也是证明勾股定理的最简单方法之一：这些直角三角形的边长为 a 和 b (斜边为 c)，则较大正方形的总面积为 $(a+b)^2$，但它由四个三角形 (每个三角形的面积为 $ab/2$) 和一个正方形 (面积为 c^2) 组成。可以得出 $(a+b)^2 - 4(ab/2) = a^2 + b^2 = c^2$。这就是几何史上最著名、也可以说是最重要的一个定理。

弦和电荷守恒

在基本电荷单位下，电子的电荷为 -1。质子的电荷在这一单位下为 $+1$。电荷有两个基本属性：所有电荷都以该单位的整数倍存在，并且电荷是个守恒量。在自然界中，电荷的离散性和电荷守恒定律应该怎样解释呢？

在弦理论中，用被称为弦的 1 维扩展物体代替粒子时，人们经常考虑如下几何情况：在无穷圆柱体上有一个环 (一条弦) (图 19)，其圆柱体的周长可以被认为是一个额外的维度 (弦理论研究的空间不止 3

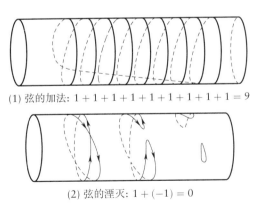

(1) 弦的加法：$1+1+1+1+1+1+1+1+1=9$

(2) 弦的湮灭：$1+(-1)=0$

图 19　作为卷绕弦的带电粒子。

40

个维度, 额外的维度被认为是很小的, 正如我们在讨论对偶性时将要讨论的那样)。这样的一个圈具有特征卷绕数, 该卷绕数描述了它绕圆柱体多少次。

这为电荷的离散性提供了可能的解释。如果将电荷解释为围绕一个圆 (或圆柱) 的弦的卷绕数, 则它必须以基本单位的离散倍数出现。那么电荷守恒呢? 两个弦的相互作用是通过串接进行的, 这意味着在相互接触时, 两个单独的弦将重新连接。下一个谜题表明, 在某些情况下, 由卷绕弦的串接所表示的电荷增加可能会变得更加微妙。

谜题　想象一下, 你要用一根线来把相框挂在墙上的两个钉子上。要求是: 当绳子同时挂在两个钉子上时 (图 20), 相框不会掉落, 但是一旦抽掉一根钉子, 相框就会掉落。要做到这一点, 我们应该如何将绳子绕在两个钉子上? (本题推广的情形: 在 $N = 100$ 时, 相框是挂好的, 但是一旦卸下任何一个钉子, 相框就会掉落?)

图 20　用一根线把相框挂到墙上的两个钉子上。

解答　前面的示例涉及弦的卷绕, 我们有一个包含加法运算的守恒定律。像加法本身一样, 这是可对易的, 并形成所谓的 "阿贝尔群"。

但是，对于卷绕在两个不同钉子或中心的弦，它们卷绕的顺序很重要。换句话说，围绕不同中心的弦卷绕会导致"非阿贝尔"(非对易，即 $gh \neq hg$) 群，并且守恒律的概念仍然存在，尽管它比简单地将不同卷绕数相加要更加微妙。为了解决这个谜题，我们将利用这一非阿贝尔性质。

基本思想如下：如果我们有一个钉子，沿顺时针方向在上面绕一根绳子，我们把这个动作称为 α；反过来，沿逆时针方向在钉子上绕绳子的话，我们称其为 α^{-1}。α 跟 α^{-1} 的乘积等于 1，这意味着如果先顺时针、后逆时针将绳子绕在钉子上，则钉子上没有净卷绕，这样绳子就被解开了，相框就会掉下来。我们可以对第二个钉子做同样的假设，把顺时针方向的卷绕写作 β，逆时针方向的卷绕写作 β^{-1}。但是，如果你先在第一个钉子上绕绳子，再对第二个钉子做同样的动作，这时候 α 跟 β 的非对易性就会起作用了。这时候如果接着在第一个钉子上反绕，然后再在第二个钉子上反绕 (图 21)。与之前的情况不同，现在相框就不会掉落，所以操作的顺序在这里很重要[9]。

这个过程用数学方式表达是：

$$[\alpha\beta] = \alpha\beta\alpha^{-1}\beta^{-1}.$$

因为群是非阿贝尔的，此过程被认为是非平凡的。非平凡性意味着，如果我们照此方式卷绕绳子，相框不会掉落。但是一旦取下任何一个钉子，α 或 β 就会等于 1，在这种情况下，这个乘积将等于 1，相框就会掉落。

---

[9]这个问题可以推广至 N 个钉子 (包括 $N = 100$)，此时卷绕的方案由 $[\alpha_N[\alpha_{N-1}[\cdots[\alpha_3[\alpha_2\alpha_1]]]]]$ 给出。

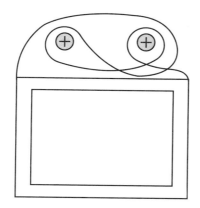

图 21　悬挂相框谜题的解法示意图。

对称性自发破缺

到目前为止，我们已经讨论了对称性及其重要应用。接下来我们要讨论的主题是对称性自发破缺。在这种情况下，对称的应用会导致意想不到的结果。首先要解释一下对称性自发破缺不是什么。比如，你可能会认为向上和向下存在对称性破缺。由于地球引力场的存在，从物理学的角度来看，所有方向都不相同且难以区分，它们是完全对称的。但是，这仍然不是对称性自发破缺的例子，因为它是上述引力场的结果——你可以说是恒定的环境条件，而不是突如其来的自然变化而引起的改变。

我们将在下一章中讨论的对称性自发破缺是完全不同的。此外，对称性自发破缺被证明是物理学中的关键现象。它解释了为什么我们会存在，为什么质量会存在。如果没有质量，我们就会以光速运动了！

43

3

对称破缺

在上一章中，我们阐述了对称性在解决谜题、研究物理学以及我们周围的世界和宇宙中的强大作用。我们已经知道，对称性等同于物理学中的守恒定律，正如你可能已经注意到的，守恒定律非常有用。正如我们在扑克牌谜题中所看到的那样，一种基本的应用是：如果某件事物不合情理，我们就会知道缺少了什么，就可以通过计算有什么以及没有什么来寻找缺失事物的信息。在本章中，我们讨论相反的概念：对称性有破缺的情况。你可能会惊讶地发现，在某些情况下，这些破缺的对称性比未破缺的对称性更加有趣，在自然界中也更为重要。

一个例子是物质与反物质之间的不对称性。原则上，大爆炸应该产生相同数量的物质和反物质。如果这种情况持续下去，物质和反物质粒子最终会在纯能量的爆发中相互接触并湮灭。但是不知什么原因，物质和反物质之间的对称性被破坏了一点点，物质比反物质多出十亿分之一，在湮灭之后留下了大量的物质，我们的存在就是因为这些物质！

另一个例子对我们在宇宙中的存在不是那么重要，考虑一支铅笔在笔尖上的完美平衡。但这是不稳定的状态，因为铅笔最终会倒下。不过，当铅笔直立时，它是对称的，因为它可以朝任何方向倒下——没有一个方向是首选或预先指定的。这种对称性 (保持的时候) 很漂亮，当铅笔最终倒下时，对称就会自发破缺。在倒下的片刻之前，它可能朝 $0°$ 到 $360°$ 的任何方向倾倒，但现在它只选了一个方向。

现在来看一个数学的例子：假设我们有一个光滑的一元实函数 $f(x)$，进一步假设它是一个偶函数。换句话说，f 具有反射对称性：$f(x) = f(-x)$。我们的首要任务是找到 f 的临界点，即 $\mathrm{d}f/\mathrm{d}x = 0$ 的点。利用对称性，我们可以立即找到一个解

$$\left.\frac{\mathrm{d}f}{\mathrm{d}x}\right|_{x} = \left.\frac{\mathrm{d}f(-x)}{\mathrm{d}x}\right|_{-x} = -\left.\frac{\mathrm{d}f}{\mathrm{d}x}\right|_{-x}.$$

因此，在 $x = 0$，我们有 $\left.\frac{\mathrm{d}f}{\mathrm{d}x}\right|_{0} = -\left.\frac{\mathrm{d}f}{\mathrm{d}x}\right|_{0}$。唯一可能成立的是 $\left.\frac{\mathrm{d}f}{\mathrm{d}x}\right|_{0} = 0$。

假设我们这样问：求 $f(x)$ 的局部最小值 (假设有一个)。基于对称性，人们的直接猜测可能是 $x = 0$。但这不一定正确：图 22 所示的两种情况都是可能的，此时局部最小值可能在、也可能不在 $x = 0$ 处。

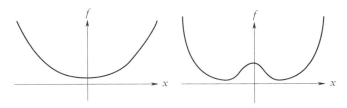

图 22　偶函数的最小值可以保持（如左图所示）或打破（如右图所示）反射对称性。

如果不在 $x = 0$，我们说反射对称性是"自发破缺的"。换句话说，在我们思考实际的最小值应该在哪里时，对称性可能会误导我们。如果对称发生破缺，则至少有两个最小值。

46

地球运动和对称性破缺

应用对称性概念来解释物理现象可以一直追溯到古希腊哲学家。正如我们在第一章中讨论的那样,希腊人已经认识到地球是一个球体。此外,他们还知道地球绕地轴旋转,因为夜间所有的星星似乎都围绕北极星旋转,他们认为这不太可能发生,于是他们假设地球在自转,但星星是固定的。他们还 (错误地) 认为地球中心没有移动,因为他们认为如果地球在移动,星星的位置将会改变,这与夜晚观察到的情况不同。地球中心似乎静止不动的事实困扰着他们,他们想要寻求这个现象的解释。他们知道球体具有旋转对称性。基于对称性的考虑,他们认为地球处于宇宙的中心。于是他们主张,由于地球位于宇宙的中心,因此没有首选的移动方向:他们推断,如果地球移动,就会破坏旋转对称性。由此得出结论,为了保持旋转对称性,地球最好不要移动。这种推理导致如下的场景:地球的中心被固定在宇宙的中心。

亚里士多德对这一论点提出了质疑。他认为,如果一个人 (甚至一头驴子) 站在一个圆的中心,并且食物均匀分布在圆周上 (图23),那么他将最终选择向一个方向移动并取得食物,否则他会被饿死。[10] 这种运动,特别是运动方向的选择,必然会打破曾经存在的圆对称性。无论如何,在现实生活和物理世界中,经常必须在对称情况下做出选择,这可能会导致不对称的结果。对称确实是一件奇妙的事,是美的源泉,在许多方面都具有魔力。但这是一个应该凌驾于一切之上 (值得为此忍饥挨饿) 的原则吗? 亚里士多德精辟地指出,不应该不惜一切代价地保

---

[10]参见亚里士多德的《天体论》。

47

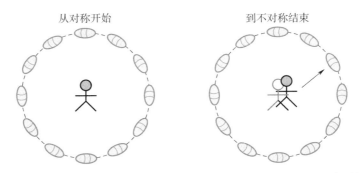

从对称开始　　　　　　　　　　到不对称结束

图 23　亚里士多德举了第一个对称性自发破缺的例子：一个人在圆的中心，面包均匀分布在圆周上。

持对称性。最佳选择并不总是对称的，它们会自发地破缺!

对称性自发破缺

现在，我们将探讨对称性自发破缺的概念。之所以称其为"自发的"，是因为起点是一个对称的情况，而解决方案无可避免地迫使我们得到不对称的结果。让我们回到上面的例子，我们处于圆的中心，食物(例如面包)均匀分布在圆周上。我们当然可以手动破坏对称性，例如，在圆的一侧放置比另一侧更多的食物。在这种情况下，我们可以清楚地知道首选的运动方向——朝向圆上聚集更多食物的点。这不是对称性自发破缺的例子，因为从起点开始就已经不对称了。

自然界中还有许多其他对称破缺的例子。进化塑造了我们，就像我们的环境塑造了进化一样。我们生活的星球由于重力作用而上下不同，重力指向一个方向，即向下。没有"上下交换对称性"，换句话说，地球上的东西只能掉下来，不能掉上去! 考虑到上下没有对称性，因此我们的脚和我们的头一点也不像是有道理的。

另一方面，如果我们站在平地上，则平面中的所有事物都是旋转对称的，但是在人体解剖学方面，进化已经打破了这种对称性：我们的身体不具有水平的圆对称性。例如，我们的眼睛指向特定的方向，而不是围绕我们的头部。大自然以某种方式发现，眼睛长在身体的一侧（朝向前方）更具效率，减少了对能量和其他资源的浪费。在亚里士多德的例子中，我们的眼睛在前面，所以我们可以朝食物走去！尽管我们的眼睛是左右对称的，但整个人体并非都如此。例如，由于某种原因，人的心脏位于胸腔的左侧。胃也偏向左侧，而肝脏主要位于右侧。

似乎即使在自然界中，对称也并不总是最好的解决方案。此外，在现代物理学中，我们开始在许多不同的情况下看到对称性自发破缺，我们将在本章中继续了解它所起的重要作用。

假设在对称的碗中有一个球，如图 24 所示（类似于球体的下半部分）。它会停留在哪里？你会看到它应该在最底部，在碗的中心。人们可能会说，出于对称性的考虑，一定会是这种情况。但是，假设碗的底部有一个小隆起，但隆起的中心仍使碗是对称的。这样就会有整个一圈的位置让球自然停下来，但是不在碗的中心位置上。事实上，对称性要求我们有一个环形的解集。这说明了一个事实，即打破对称性通常会产生很多解，而以前可能只有一个解。注意，条件的微小变化（例如，稍微倾斜的碗，如图 25）会破坏对称性，并使解明显移动。还要注意，

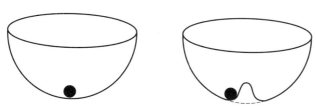

图 24　对于以底部为中心的对称碗，球会停在中心。如果碗的底部不在中心，情况就不是这样了。

图 25　如果由于碗的轻微倾斜而破坏了对称性，球会停留在碗底出现的一个优选底部点上。

非对称解不是固定的，因为一个小小的"摇晃"就会移动它们。换句话说，若我们打破对称性并稍微倾斜碗，则球的位置会发生巨大变化。因此，这是一种不稳定的情况，在打破对称时通常会发生这种情况。

　　能否意识到对称性还取决于你的视角。在圆形边界上靠近食物的驴子可能不会注意到对称的形状，这与圆形中心处的驴子不同。如图26，对于底部有对称凸起的碗，从球停在碗底部的优选底部点的位置来看，情况也是如此。如果一个人碰巧处于一个不对称的点，他或她可能会被误导，认为没有对称性。

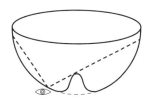

图 26　在不对称点的优选最小点处，很难看出碗的旋转对称性。

　　反之也可能成立：有时我们可以手动打破对称性，但对称性仍然足够强大，可以引导我们找到解。例如，假设你想找出矩形的质心。你可以用微积分来求它，但是利用对称性，很容易推断出质心在中心。在此之后，你可以返回去严格地证明它。在物理问题中，移动到质心坐标通常很有用，因为它们具有一种特殊的、内在的对称性。但是，如果形状不对称怎么办? 你还能以某种方式用对称性来回答同样的问题吗?

谜题 图 27 的质心是什么 (其中 L 形物体没有任何对称性)?

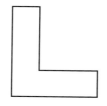

图 27　你能找到这个不对称 L 形物体的质心吗?

解答 如图 28 所示, 质心位于每条虚线上 (虚线连接两个矩形的中心, 在这里我们用两种不同的方式划分空间), 因此它必然在它们的交点。这里我们可以得出的一个结论是, 即使在完全不对称的情况下, 对称原理仍然具有强大的作用。

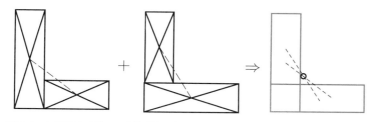

图 28　可以通过将 L 形物体划分为两对不同的矩形来找到它的中心。

通过这种方法, 我们可以找到任何准矩形形状的质心, 而无须计算长度, 即使像如下复杂的形状也是如此:

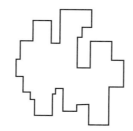

51

对称性自发破缺和磁体

假设我们有一个粒子系统,它具有一个称为"自旋"的自由度,可以向上或向下。如果你熟悉化学的话,可以把它看成电子自旋。回想一下我们在第 1 章中关于电子自旋的讨论以及狄拉克的解释。让我们进一步假设,将两个粒子聚在一起时,它们"倾向于"具有相同的自旋(都向上或向下),这意味着这些状态总体上具有较低的能量。(例如,当电子自旋沿相同方向排列时,铁磁材料的作用类似于磁体。但是,如果电子自旋随机排列,则这些材料会失去其磁性,在这种情况下,磁效应会抵消。)粒子同向自旋的能量为 $E(\uparrow\uparrow) < E(\uparrow\downarrow)$,前者为相同自旋的总能量,而后者为反向自旋的总能量。想象一下,一个充满这种粒子的晶格位于一个平面上 (图 29)。这就是我们这里考虑的模型,称为伊辛模型。

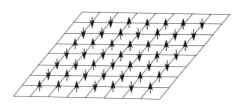

图 29 伊辛模型包含了上旋和下旋,邻近的自旋更倾向于对齐,从而降低了系统的总能量。

对于每一对相邻粒子,我们可以把能量加起来以获得系统的总能量。有一个明确的最小总能量状态,其中所有自旋都指向同一方向。如果不受任何外部影响,晶格会找到最低能量状态,就像碗中小球的例子一样。即,所有的自旋都指向上或都指向下。

但是,假设晶格在一个储热器中,使粒子保持在一个给定温度,这将允许系统处于能量并非最小的自旋状态。确切地说,我们假设系统

具有总能量 E 的概率为 $p(E)$, 根据"玻尔兹曼法则", 这与温度相关, 即 $p(E) \propto e^{-E/kT}$ (k 是"玻耳兹曼常量")。能量最低的状态具有最高的概率, 但是对于任何正温度, 任何状态都有可能发生。

如果我们将向上或向下的自旋数计为 $+1$ 或 -1。令 S 表示平均自旋, 即系统所有自旋的总和除以粒子总数。S 是多少?

必然为零! 对于任何给定的自旋状态, 相反的状态 (通过翻转所有自旋的符号获得) 具有相同的能量, 因此发生的概率相同。这意味着 S 等于 $-S$, 这是 S 等于零的另一种说法。

因此, 我们看到系统的 $\mathbb{Z}/2$ 对称性传递给 S, 迫使其为零。这与我们的磁铁模型一致吗? 如前所述, 磁化来自自旋的一致, 并且强度与 S 成正比。但是我们才验证了平均自旋必须为 0。那么磁铁为什么会存在呢? 我们现在来解释这是如何发生的。

在极低的温度 $T \to 0$ 下, 系统稳定在绝对最低能态。这发生在所有自旋都向上或都向下的时候。因此有两个基态。系统将会处在哪个态呢? 这取决于你从哪里开始。例如, 如果施加一个小的磁场, 迫使自旋沿着一个方向对齐, 那么你可以选择这两种能量最低的状态之一。而且, 即使撤去磁场后, 也会保持相同的状态。这是因为要从一种状态进入另一种状态, 你必须翻转所有的自旋, 即使最终状态具有相同的能量, 需要达到另一个状态的能量障碍也很大。这样, 我们最终得到的温度足够小, 其相位会自动选择自旋的一个方向。换句话说, $S \to -S$ 系统的对称性已经自发破缺。这种对称性的破缺以及自旋指向给定方向的事实导致了铁磁性。换句话说, 磁铁的原理是基于对称性自发破缺!

我们在实践中观察到的是，在低温下会自发磁化，而在高温下不会磁化。在这两个极端温度之间有一个临界点，在临界点处，磁体将在这两个状态之间经历相变 (图 30)。

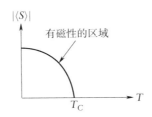

图 30　平均自旋 $|\langle S \rangle|$ 低于临界温度 T_C 时具有非零值。

这可能会让人联想到之前的例子，即小球放在碗中，而碗的底部正中有一个圆形隆起。位于隆起顶部的小球处于对称位置，但比位于碗底对称破缺的位置具有更高的能量。类似地，在对称性被打破后，铁磁性在较低温度下才会产生。我们把磁铁的神奇归功于对称性自发破缺!

方形谜题

谜题　四个城市位于一个方形的四个角。相邻城市之间的距离为 100 英里。你的任务是建一个高速公路系统，以最小的成本将所有城市连接起来。修建高速公路的成本为每英里 10 万美元，因此你需要弄清楚高速公路的最小总长度。请注意，并不要求任意两个城市之间的路径最短，只要能获得最低的总成本，通过高速公路系统连接城市的顺序完全由你决定。需要确保的是，可以使用高速公路系统从任何城市到达任何其他城市。你找到的解决方案有什么特别之处吗?[11]

---

[11] 在后面将会看到，这个问题与三角形的费马–托里拆利点有关。

解答 (1) 我们可以毫不费力地证明，最小网络必须是一个城市在某些顶点上的直线图。实际上，由于直线是两点之间的最短路径，因此没有理由走不直的道路。

(2) 接下来，让我们证明，如果图的任意顶点有三条边，则止于该顶点的三条边之间的夹角必为 120°。如果我们考虑此顶点附近的三角形，其中三角形的三个顶点在距顶点单位长度的三条边上，在这种情况下，我们可以通过找到这个三角形顶点间的最小道路网络来最小化高速公路的总长度 (并用该最小值替换原始图的这一部分)。假设对三角形顶点的距离之和，原始图确实已经是最小值。这个顶点使距离之和最小化是什么意思？这意味着当你稍稍移动顶点时，总长度不会改变。令 $\vec{e}_i$ 表示将顶点连接到三角形顶点的三个单位矢量 (图 31)。如果将顶点移动任意小量 $\vec{\delta}$，不难看出总长度的变化当 $\vec{\delta} \to 0$ 时是 $(\vec{e}_1 + \vec{e}_2 + \vec{e}_3) \cdot \vec{\delta}$ (练习留给读者)。为了选择最佳高速公路，长度的变化应为 0。因此，单位矢量的总和 $\vec{e}_1 + \vec{e}_2 + \vec{e}_3 = 0$，这对任意 $\vec{\delta}$ 都成立。这又意味着单位矢量之间的夹角必须为 120° (可以通过将 $\vec{e}_1 + \vec{e}_2 = -\vec{e}_3$ 平方推导出 $\vec{e}_1 \cdot \vec{e}_2 = -\frac{1}{2}$)。

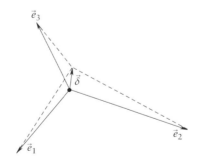

图 31　对于最佳高速公路，如果我们以很小的矢量 $\vec{\delta}$ 移动任何路口，总长度不会有变化。

如果一个顶点的度数是 4，那么 4 条边汇集在一个点上意味着什么？选择两个相邻的顶点和中心顶点。我们可以将其视为前面讨论的一个特殊情形，即一个点移动到与三角形的顶点重合。但是，正如我们所看到的，如果角度不是 120°，这总是可以改进的，但是在顶点处不能有四个 120° 的角度相交。对于更多数量的边也是类似的。

利用这些想法，不难发现仅有的可能性如下所描述 (图 32)。

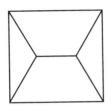 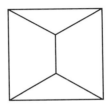

图 32　有两条最佳高速公路，它们都不具有正方形的全部对称性。

请注意，由于我们发现的解决方案不具有正方形的 90° 旋转对称性，因此存在对称性自发破缺 (尽管它们具有正方形的一些反射对称性)。因为正方形的对称性在解决方案中被部分破坏，所以存在不止一种可能的解决方案。你可以选择任何给定的解决方案，并通过破坏的对称性对其进行变换，从而获得新的解决方案。

有一个常见的物理现象跟这个问题类似：当肥皂泡形成时，它们的表面积达到最小化。浸泡在肥皂水中的刚性框架会形成 120° 角的肥皂泡。

更改的谜题　除了四个城市在矩形上，其他与前一谜题相同。矩形的宽度与高度不完全相同。我们的解决方案应该是什么？这个谜题与前一个有什么不同？

解答 想象矩形的宽度与高度相比非常长。现在，解决方案看起来有所不同：一条从左到右的直线，在该直线的两端分开以连接两个城市。当我们改变宽度直到几乎与高度相同时，我们仍然有个唯一的解决方案。当尺寸正好变成正方形时，就像前面的问题一样，我们出现了对称破缺。而我们改变宽度直到它小于高度时，我们又有了个唯一的解决方案，但是方向相反。

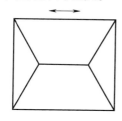 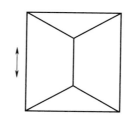

我们可以清楚地看到前一谜题两个解决方案的由来。当我们通过增加高度或宽度从正方形变为矩形时，两个解决方案会交换位置，这说明前一谜题具有一定的"不稳定"性质。

对称破缺与希格斯玻色子

什么是希格斯粒子? 它与对称性自发破缺有什么关系?

我们将以一些相当专业的方程式开始讨论，这些方程式适合喜欢数学的读者，尽管其他人可能希望略过它们。那些熟悉 3 维拉普拉斯算子的人可能会知道还有一个 4 维拉普拉斯算子：

$$\Box := \frac{1}{c^2}\frac{\partial^2}{\partial t^2} - \sum_{i=1}^{3}\frac{\partial^2}{\partial x_i^2},$$

其中 c 是光速。这样一个方程的解是波。确实，请回想一下单变量空间的情形。

$$\left(\frac{1}{c^2}\frac{\partial^2}{\partial t^2} - \frac{\partial^2}{\partial x^2}\right)\phi = 0.$$

我们可以把这个方程写成：

$$\left(\frac{1}{c}\frac{\partial}{\partial t} + \frac{\partial}{\partial x}\right)\left(\frac{1}{c}\frac{\partial}{\partial t} - \frac{\partial}{\partial x}\right)\phi = 0.$$

因此，我们可以写成 $\phi(x,t) = f(x+ct) + g(x-ct)$，也就是"左移"波和"右移"波的和以光速 c 移动。

那么，这与希格斯粒子有什么关系呢？在宇宙的最初时刻，大爆炸开始时，每个粒子实际上都是无质量的，以光速运动。它们也可以被视为以光速运动的波，满足上面讨论的拉普拉斯算子的 4 维形式。但是理论告诉我们，在宇宙冷却的最初极短时间 (远远小于 1 秒) 中，它经历了相变——和蒸汽凝结成液态水没有太多区别，一种叫做"希格斯场"的东西像看不见的海洋一般充满了整个空间。粒子通过与这个场的相互作用获得了质量，并在此过程中获得了一个额外的项：$\alpha_i\phi(x,y,z,t)$，其中 ϕ 是希格斯场。这些有质量粒子的波函数必须满足方程

$$\left(\square + (\alpha_i\phi)^2\right)\Phi = 0,$$

其中 α_i 取决于粒子，而 $m_i = \alpha_i\phi$ 可视为粒子的质量。

我们可以把 ϕ 类比为平均自旋 S 或者球在半球碗中的位置。在这种情况下，最对称的点 (实际上也是唯一一个通过旋转不会改变的点) 位于 $\phi = 0$。换句话说，只有在 $\phi = 0$ 时这种对称性才是完好无损的。这种情况只发生在温度很高的时候，此时希格斯场为零，粒子无质量。换句话说，在高温下，希格斯场的势能就像一个底部没有凸起的半球。但是，随着宇宙在大爆炸之后降温，它经历了一个相变：ϕ 的能量从零点离开去寻找最小值，使 $\langle\phi\rangle$ 也变为非零，从而导致质量非零 (图 33)。

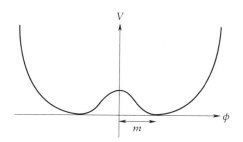

图 33　希格斯场的势能 V 看起来很像一个底部有突起的碗。对称性的破缺迫使势能的最小值远离 0，从而产生了质量。

粒子获得多少质量取决于它与希格斯场 (由 α_i 俘获) 相互作用的强度以及 $\langle\phi\rangle$ 距中心的距离。

因此，宇宙和其中的有质量粒子是由对称性自发破缺产生的。但是，我们如何通过实验证明这就是粒子获得质量的实际机制呢？

回想一下碗里的球。如果你把球从底部稍微往上推然后放手，球就会滚下来并来回摆动。类似地，你也可以尝试稍微推动希格斯场 ϕ，并观察由此产生的波。量子力学告诉我们粒子与波相同。因此，如果我们设法生成与希格斯场相关的波，那么也会产生一个粒子，这是我们可能 (实际上确实) 看到的东西。这就是希格斯玻色子，一些新闻媒体将其称为"上帝粒子"。

我们应该如何看待这个问题呢？正如我们所说的，希格斯场就像看不见的海洋，随着宇宙在大爆炸后降温，它用一些非零的 ϕ 值填充空间。粒子与海洋的相互作用给了它们质量并使其变慢。如果看不到海洋，你怎么能证明海洋确实存在呢？好吧，你可以尝试"挤压"海洋以使希格斯场在山坡上上下移动。实现此目的的一种方法是使两个粒子高速碰撞，这将导致它们在碰撞点处压缩成这个看不见海洋的一小块，生成可解释为粒子的希格斯波来证明其存在。在欧洲核子研究中心物理实验室的大型强子对撞机上，高能对撞机能够做到这一点——用足够的能量将两个质子相互碰撞，以产生这种效果。希格斯粒子可以在此过程中产生，这正是欧洲核子研究中心的实验人员所看到的。

这一重大发现于 2012 年 7 月 4 日向全世界宣布，它完全验证了近 50 年前所做的预测。理论家关于粒子如何获取质量的想法最终得到了证实，而标准物理模型的最后一块拼图——该理论框架中最后一个被预言但尚未被观测到的粒子——也最终被发现。这是一个长期学习研究过程的一部分，物理学家从中逐渐认识到对称性自发破缺的威力。尽管两千年前古希腊逻辑学家就通过对称论证得出地球一定是静止的结论，但地球确实在运动。现在我们已经知道对称破缺是多么重要。正因为它，宇宙中才不再充斥着无质量的粒子，这些粒子会以光速飞来飞去，并且永远不会减速，从而形成恒星、行星、星系、黑洞，或者我们在宇宙中看到的任何奇妙物体，包括我们自己。

力的大统一

如果处于对称破缺的情况下，我们可能不会意识到背后隐藏的对称性。例如，如果生活在一个圆形对称山谷的底部，类似于希格斯场势 (脊形碗) 的形状 (如图 26 所示)，我们可能不会意识到存在圆形对称。在我们思考身边的力时也是如此。除重力外，还有其他三种已知的力：电磁力、强 (相互作用) 力和弱 (相互作用) 力。电磁力是大家所熟悉的。将夸克束缚在一起形成质子和中子的强力则不那么容易辨认。弱力 (例如在 β 衰变中引起的放射性) 也在很大程度上隐藏于日常生活中。但是，夸克会经历所有已知的力。这些力具有不同的强度，可以按以下方式进行评估：我们固定一个较小的距离，例如 10^{-15}cm，这个距离相当于有 1GeV 能量光子的波长，然后计算一个夸克施加给相距 10^{-15}cm 远的另一个夸克的不同力的比率。这些力的比率由相应电荷 g_i^2 的平方的比率给出。事实证明，它们的量级如下：

$$g_{强}^2 \gg g_{弱}^2 \gg g_{电磁}^2.$$

$g_{电磁} = e$ （e 是大家熟悉的电荷）。因此，至少在相对强弱方面，这些力显然存在很大差异。但是，如果我们在越来越短的距离上继续讨论这个问题，这三个力的相应电荷就会改变。此外，电荷在大约 10^{-30}cm 的距离尺度上似乎是相同的 (对应于 10^{16}GeV $= M_{GUT}$ 的能量尺度)。参见图 34。

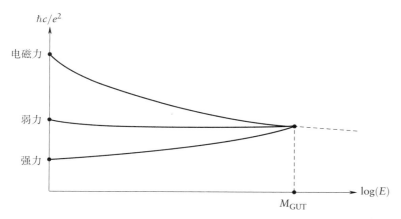

图 34　力的大统一：在较短的距离尺度（对应更高的能量）下，三种不同力的电荷相同，这暗示着力的统一。

这就是力的"大统一"。换句话说，在较高的能量下，力之间的对称性得以恢复，而在较低的能量下，对称性似乎被打破了。在高能状态

61

下，它们似乎统一为一种力！[12]

超导

　　超导是对称破缺的另一个例子。超导是某些材料的一种特性，这些材料在足够低的温度下会失去所有电阻，这意味着一旦接通，电流将永不消失。事实证明，对这种现象的解释基于与希格斯势或脊形碗相同的势能。在这种情况下，希格斯场类似于具有势能的复数场 ρ，其最小值为 $|\rho| = A$。圆形超导体中的电流以离散单位或量子形式出现，可以认为是相位 ρ 在圆形势能底部的绕组 (图 35)：$\rho = A \cdot \exp(\mathrm{i}\phi)$，当我们绕由角度 θ 参数化的圆环时，ϕ 绕"墨西哥帽"势 n 次，

$$\phi = n\theta.$$

实验证明，电流 $I \propto n$。因此，电流强度与相位 ρ 的绕组数成正比。

图 35　可以认为，超导性是当我们在其电位底部绕电路回路时，因场的相位的绕组产生的。电流与相位的绕组数成正比，由于势垒的缘故，很难将其破坏。这导致了超导体的持续电流。

　　电流 I 是稳定的，这是因为电流以量子化块的形式出现。如图 35

---

　　[12]这三种力都与一个群相关联。强力与 3×3 矩阵 SU(3) (3 维复空间的旋转群) 相关联，弱力与 2×2 矩阵 SU(2) (2 维复空间的旋转群) 相关联，电磁力与 1×1 矩阵 U(1) (相位乘法) 相关联。但是，当距离足够小时，这三种力及各自的群就会合并为一个群。流行的乔吉–格拉肖 (Georgi-Glashow) 模型建议将它们合并为一组 5×5 矩阵 SU(5) (5 维复空间的旋转群)，其中 SU(3) 和 SU(2) 来自其中 3×3 和 2×2 的对角线块。U(1) 来自与其他两个块正交的对角线。SU(5) $\supset$ SU(3) $\times$ SU(2) $\times$ U(1)。

所示,由于电流环绕在小山底部,因此必须抬起它才能解开,这会消耗能量。换句话说,解开绕组和改变电流需要消耗能量,这就是为什么超导体中的电流一旦设置好就倾向于保持原状。

刚性

再来看另一个例子:如果推动刚性物体的一侧,则另一侧就会移动。你可能不会对这种观察印象深刻,因为这似乎很普通,但仔细想一下这是非常令人惊讶的。你以某种方式设法将力从一个点神奇地传递到另一个点。当你这样做时,在基础物理学层面到底发生了什么?物体由晶体构成,它们有固定位置的事实破坏了平移对称性。原子平移对称性的破缺会导致刚性。也许更广泛的观点是,从深奥的物理现象到我们每天观察到的事物,很多都是对称破缺的结果。

手性

从对称性自发破缺的角度来看,我们不理解的一件事是宇宙的"手性"(handedness)。一些粒子具有一种"手性",它与相对于粒子运动的自旋方向相关。这破坏了宇称对称性(镜面反射)。但是,这看起来像是"手动"破坏对称性,这意味着粒子从一开始就没有对称性。一个更好的解决方案是,让对称性最初存在,然后通过自然过程将其破坏。我们希望在一套完整的理论(例如弦理论)中,手性将会被自发破缺,而不是人为手动地破坏对称性。

这多少让人联想到坐落于正方形或矩形四个角的四座城市的谜题,那里已经修建了高速公路。该问题中的不对称性是由于预算方面的限制,这对应于物理领域中的低能量约束。

63

谜题 有三把长度为 L 的刀具和三只相互间距 (略大于) L 的玻璃杯 (图 36)。将刀具以某种形式排列，就可以在玻璃杯上支撑较重的瓶子。[13]

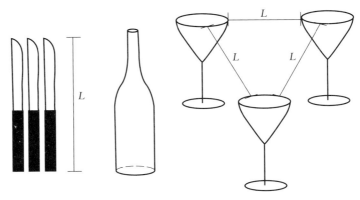

图 36 在这个刀具和玻璃杯的几何图示中，如何在玻璃杯上放置刀具才能支撑较重的瓶子？

解答 必须打破对称性才能解决问题。我们可以将瓶子放在刀具形成的三角形区域上，如图 37 所示。

这种情况赋予了一种手性，打破了原来存在于三个玻璃杯之间的原始对称性。

谜题 假设我们有一个半径为 R 的圆形池塘。池塘中央有一只鸭子。一只不会游泳的狐狸坐在池塘边，很自然地，它想吃掉鸭子。鸭子需要一个策略，在不被狐狸吃掉的情况下到达地面，之后它可以飞走从而避免被吃掉。狐狸的移动速度是鸭子的 x 倍，其中 $x > 1$。鸭子能逃脱吗？如果可以，鸭子应该采取什么策略？

---

[13]此谜题由布莱恩·格林分享。

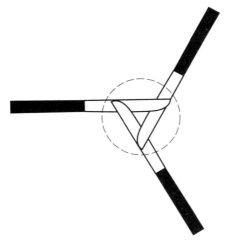

图 37 支撑瓶子的刀具 (没有画出三个玻璃杯) 的几何形状破坏了对称性, 引入了手性。

解答 令 r_1 是鸭子能比狐狸保持更高角速度的半径。因此 $r_1 < R/x$。这意味着当鸭子在半径 r_1 的圆内时, 它可以一直移动直到狐狸在池塘的对面。假设狐狸在池塘的对面, 令 r_2 是鸭子径直跑向岸边并能够逃脱的半径。鸭子需要移动 $R - r_2$ 的距离, 而狐狸需要移动 πR 的距离。因此, 我们需要 $R - r_2 < \pi R/x \implies r_2 > R - \pi R/x$。如果 r_1 和 r_2 的区域相交, 则鸭子可以逃脱。如果不是这样, 狐狸则总是能吃到鸭子。这里的跃迁条件是 $R/x = R - \pi R/x \implies x = \pi + 1$。因此, 只要 $x < \pi + 1$, 鸭子就可以逃脱。

这是一个很有意思的问题, 因为我们从一个对称的情况开始, 但是鸭子被迫打破了圆对称性, 选择绕圆的一个方向到达池塘的对面。当 $x > \pi + 1$ 时, 无论鸭子如何打破圆对称性, 狐狸仍会吃掉它。因此, 只有当 x 在一个狭窄的取值范围中, 即 $1 < x < \pi + 1$ 时, 圆对称性被打破, 从而鸭子得以逃脱!

4

简单和抽象数学的力量

定律与约束

在解决物理问题时，通常会需要考虑两个方面，即约束条件和物理定律。首先，是问题的约束条件，有时被称为边界条件。这通常包括环境施加的影响，而这乍看起来可能并不令人觉得深刻。例如，考虑一个在斜面上加速滚下的球，不必了解太多的物理知识，我们也知道球会到达斜面上的某处。这里环境限定了物理现象，可视其为约束。在经典力学中，当人们想要描述运动时，约束就显得尤为重要。这也被称为"运动学"。其次，存在物理定律（例如牛顿或爱因斯坦的定律），它们似乎更为基础。"动力学"研究影响物体和系统整体运动的力，其中物理定律发挥了更大的作用。

本章中的一部分将集中讨论约束，在物理中这似乎是比较枯燥的一个方面，但希望我们在本章的讨论过程中会看到，情况不一定如此。我们在这里采用的一些想法可以非常深刻地体现出来。我们会发现，在一个非常基本的层面上，定律和约束之间的区别消失了，许多我们认为是原理的东西实际上可以从约束中产生。

67

在数学上，拓扑可以视作这些一般物理约束的类比。拓扑描述了一个空间整体和定性的方面，即它的一般特征，不像几何学，后者深入研究空间的细节，包括距离、精确的形状等。连续性是拓扑学中的一个基本概念，它与物理定律是连续的这一事实有着自然的联系：如果你稍微改变一点东西，通常结果不会发生很大变化。[14]

谜题　共有 117 名玩家参加采用单轮淘汰制的循环赛。如何设计比赛，才能使总比赛次数最少？相反，想要总比赛次数最多，又该如何设计？

解答　如果你试图依照比赛的细节来分析，很容易会陷入陷阱：那将是一项非常复杂的任务，并且完全没有必要。答案很明白：总有 116 场比赛。原因很简单：每场比赛淘汰 1 名玩家，必须淘汰 116 名玩家。换句话说，必须进行 116 场比赛。这就是最小和最大数目。任何关于如何组织比赛的问题都是烟幕，所以不要上当。约束条件决定了这个问题。我们不需要去寻找比赛中给玩家配对的最佳方式，因为答案可以更简单地在谜题的初始条件中找到。

谜题　64 支队伍参加双败淘汰制的比赛。这个锦标赛一共会有多少场比赛？

解答　每场比赛只有一个输家。每个队需要输掉两次才会被淘汰。因此，有 63 个队输了两次，冠军可以只输一次或者根本不输。锦标赛可以有 $2 \cdot 63 = 126$ 或者 $2 \cdot 63 + 1 = 127$ 场比赛。同样，这个问题的最初框架施加了足够的限制，由此可以决定有限的可能答案。

---

[14]尽管在某些特殊情况下，例如混沌物理系统，这并不完全正确。

谜题 一块巧克力被排成一个 (连续的) 5×20 网格 (如图 38)。两人轮流沿着垂直或水平线切巧克力。(不允许进行多次切割——不能把巧克力块堆叠或用刀连续扫过一块以上。) 最后一个切的人可以得到全部巧克力。获胜的策略是什么?

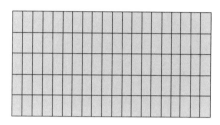

图 38　用什么策略可以赢得整块巧克力? 游戏中有两人轮流沿着边缘切巧克力, 切最后一刀的人得到所有巧克力!

解答 首先动手的那一位一定会赢。刚开始时只有 1 块; 最后有 100 块。每次切出 1 块, 总块数正好增加 1。巧克力小块的数量是从 1 到 100, 因此总共会切 99 次。这是一个奇数, 意味着首先动手的人最终会切第 99 次。同样, 想要尝试描绘整个游戏过程不仅困难而且没有必要。初始条件 (或约束) 加上逻辑, 可以引导我们找到解决方案。

复数入门

在进入下一轮谜题之前, 我们需要一些数学背景知识, 我们现在就来介绍这些知识。

复数集合 $\mathbb{C}$ 可以表示为平面中的点。在极坐标中, 我们可以将任意 $z \in \mathbb{C}$ 写为 $z = re^{i\theta} = r(\cos(\theta) + i\sin(\theta))$, 其中 r 是到原点的距离, θ 是极角。复共轭 $z^* = re^{-i\theta}$。给定两个复数 $z_1 = r_1 e^{i\theta_1}$ 和 $z_2 = r_2 e^{i\theta_2}$, 它们的乘积为

$$z_1 z_2 = r_1 r_2 e^{i(\theta_1 + \theta_2)}.$$

注意 $zz^* = r^2$。有时记为 $|z| = r$。

接下来我们证明一个关于复数的定理。我们在这里提出该定理的原因不仅在于它说明了数学中拓扑论证的力量，而且它还反映了我们将在本章后面的物理例子中发现的内容。

代数基本定理 令 $f(z) = z^n + a_{n-1}z^{n-1} + \cdots + a_0 = 0$。如果 $n \geq 1$，那么 $f(z)$ 在 $\mathbb{C}$ 中有解。

一个简单的结果是，系数在 $\mathbb{C}$ 中的 n 次多项式正好有 n 个解，包括可能出现的重复解。这个基本定理是复数普遍存在的根源。如何来证明这个定理呢？假设 $f(z)$ 没有解。我们现在证明这个假设会导致矛盾。如果 $f(z)$ 没有零点，则函数

$$g(z) = \frac{f(z)}{|f(z)|}$$

存在，其中 $|f(z)| = \sqrt{f(z)f(z)^*}$，$f(z)^*$ 是 $f(z)$ 的复共轭。请注意，由于我们已经假设 $f(z)$ 不为 0，因此这个除式是可行的。

函数 $g(z)$ 的定义使得对所有 $z \in \mathbb{C}$，$|g(z)| = 1$。换句话说，$g(z)$ 位于单位圆上。因此，当我们改变 $z \in \mathbb{C}$ 的值时，$g(z)$ 会将整个复平面映射到单位圆。

考虑一个很大的圆在 g 下的像，它的半径远远大于多项式的所有系数。对 $|z| \gg 0$，$f(z) \approx z^n$ 将会是非常好的近似，因为其他幂次相对要小得多。同样，对 $|z| \gg 0$，$g(z) \simeq \frac{z^n}{|z|^n} = e^{in\theta}$。结论是：对于真正的大圆，$g$ 将复平面上的大圆绕单位圆 n 次 (如图 39)，因为当 θ 从 0 到 2π 变化时，g 从 1 到 $\exp(2\pi in)$ 变化。

但是要注意，g 是连续的。因为对于真正的大圆，它会卷绕 n 次，并且 g 在复平面上连续变化，这个数字不会跳跃。因此，即使我们逐渐

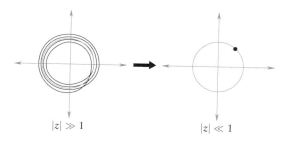

图 39　用基于卷绕数守恒的简单拓扑论证，可以证明代数基本定理。

缩小圆，直到我们得到小圆，它也必将卷绕 n 次。但是当我们收缩时，z 非常接近于 0，$f(z) \approx a_0 = g(0)$。也就是说，最后对 $|z| \ll 1$，$g(z)$ 没有卷绕，它对应于圆上的单个点 $g(0)$，这与卷绕数 $n \neq 0$ 矛盾。因此，与 $f(z)$ 没有零点能构造出连续函数 $g(z)$ 的假设矛盾。

我们知道 f 实际上有 n 个解，它们表示 g 的不连续性。在每个不连续点 (其中 g 的分母为 0)，卷绕数都会增加 1，这就为为什么会有 n 个解提供了另一种解释。另一种说法是，如果 a 为函数 f 的零值，我们可以将 f 除以 $(z - a)$，从而得到一个低阶多项式，然后可以重复上述论证。由此归纳得出结论：f 有 n 个零点 (包括可能的重复零点)。

谜题　考虑沿地球赤道的温度 T。假设 T 是沿赤道的位置的连续函数。证明在任意给定时间，赤道上至少有两个相对的点具有完全相同的温度。(提示：你不需要了解有关热力学的任何事实，也不需要气象或地理方面的知识。)

解答　定义函数 $\tilde{T}(\theta) = T(\theta) - T(\theta + \pi)$，它是一个点与其径向相对点的温度之差。对任意的 θ，如果 $\tilde{T}(\theta) = 0$，我们就找到了想要的点。否则，观察到 $\tilde{T}(\theta + \pi) = -\tilde{T}(\theta)$，因此，如果对某些 θ_0，$\tilde{T}(\theta_0) \neq 0$ (假设它是正的)，那么当你转到 $\theta_0 + \pi$ 时，它具有相反的符号 (负的)。

71

因此, 由于连续性 (也称为 "介值定理"), 在 θ_0 和 $\theta_0 + \pi$ 之间的某个点, $\tilde{T}(\theta)$ 必然为零 (图 40), 因为 $\tilde{T}(\theta_0)$ 和 $\tilde{T}(\theta_0 + \pi)$ 具有相反的符号。

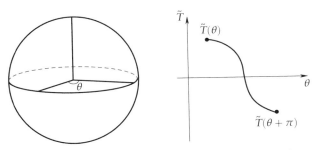

图 40 当来到径向相对点时, 原出发点跟这一点的温度差 $\tilde{T}$ 会改变符号, 即 $\tilde{T}(\theta + \pi) = -\tilde{T}(\theta)$。在函数值为 0 时, 两个相对点的温度相同。

这个结论看起来很不寻常。但是, 正如我们从前面的论证中看到的那样, 它源于一些相当平凡的关于拓扑/连续性的考虑。

谜题 一个和尚从早上 8 点到下午 8 点, 从山脚爬到山顶。第二天, 他从上午 9 点到晚上 7 点, 从山上下来。证明在某个时刻, 他在两天中的同一时间恰好位于同一地点。

解答 如果画出他上下行程的距离与时间的关系图 (图 41), 你会发现它们必然在某处交叉。(如果图形未在任何地方相交, 说明和尚仍未下山, 在这种情况下, 我们应该立即派出搜救队了!) 一种更自然的思考方式是, 想象另一个和尚正在沿着他前一天走的路上山, 很明显, 两个和尚会彼此交会, 只不过一个在下行, 另一个在上行。

谜题 基于前面关于温度的谜题: 地球上是否存在一个点, 其温度和气压与它当前的对径点相同?

解答 答案仍是肯定的。与温度问题一样, 它还是基于连续性原理和卷绕数不变, 不过这个论证需要更多的技巧。设矢量函数 $\vec{f}(x) =$

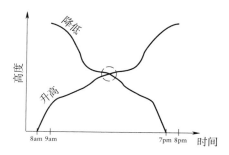

图 41　和尚将在某一时刻处于与前一天相同的海拔高度，这可以通过
海拔高度随时间变化的连续性求得。

$(P(x), T(x))$，其中 P 是压强，T 是温度，x 表示地球上的一个点。然后
考虑函数 $\vec{g}(x) = \vec{f}(x) - \vec{f}(-x)$：该函数的零点正好对应于压力和温度
与其对径点相同的点。(用反证法) 让我们假设这种情况从未发生，并
试图得出矛盾的结果。如果 $\vec{g}(x)$ 永不为零，则我们可以除以它的范数
并考虑归一化矢量

$$\vec{g}(x) = \frac{\vec{f}(x) - \vec{f}(-x)}{|\vec{f}(x) - \vec{f}(-x)|}.$$

由于归一化矢量具有单位范数，因此可以将球面映射到单位圆。考虑
球面上沿纬线的圆 (图 42)，由于 $\vec{g}$ 是连续的，向北极收缩的圆的图像
会缩为一个点，因此卷绕数为 0。因此，根据与之前相同的连续性的讨
论，卷绕数都应该为 0，包括赤道的卷绕数。

　　但是，我们得考虑一下 $\vec{g}$ 把赤道映射到什么地方。对径点 A 和 B
之间的半圆的像是弧，其卷绕数为 $n + \frac{1}{2}$；这个数来自 $\vec{g}(x) = -\vec{g}(-x)$
的事实，因此点 A 和 B 必须映射到单位圆的不同侧，并且当我们继续
绕赤道前进直到回到 A 时，我们正好得到前一半的负值。因此，整个
赤道的像的卷绕数为 $2(n + \frac{1}{2}) = 2n + 1$，由于它是奇数，因此不能为

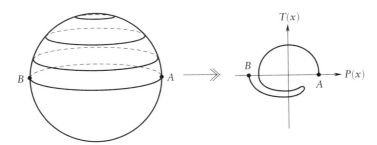

图 42 当我们从赤道上的 A 点移至 B 点时, $\bar{g}(x)$ 从单位圆的一侧移至
另一侧。$\bar{g}(x)$ 从 A 到 B 的卷绕数为 $n + \frac{1}{2}$。

0。基于连续性我们期望它为 0，这样得出一个矛盾。这与我们证明代
数基本定理时所采用的推理完全相同：$|g|$ 不能被除，同时 g 却必须为
零，这正是我们希望证明的结果。在这种情况下，源于球体的几何形状
和连续性而产生的约束，足以让我们找到答案。

谜题 给定一条闭曲线和曲线上的任一点，是否可以通过该点画
一条直线，将面积一分为二 (图 43)?

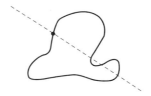

图 43 穿过曲线上的一个给定点画一条直线，是否总是可以将曲线所
围面积一分为二?

解答 可以。给定曲线上任意一点，取线左侧面积与线右侧面积
间的差值，作为直线与曲线所成角度的函数。在变化 $180°$ 之后，该函
数会随从左变到右和从右变到左而改变符号。因此，如果函数在 $180°$
直线的一侧为正，在另一侧为负，根据连续性，我们知道函数在这两点
之间必定有一个点的函数值为零。就是这条直线将面积一分为二。

74

谜题 给定两条闭曲线, 是否有可能画一条直线, 同时将它们切割成相同的面积 (图 44)?

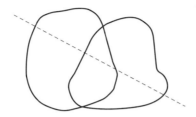

图 44 是否总是可以画一条穿过两条曲线的直线, 将两条曲线的面积都一分为二?

解答 可以! 在其中一条曲线上选择一个点, 并约束直线以均匀划分第一条曲线的封闭区域。(我们从前面谜题中知道这是可能的。) 考虑移动第一条曲线上的点, 同时始终选择均匀分割第一条曲线的直线。我们现在考虑一个函数, 该函数等于沿第一条曲线移动时由直线产生的第二条曲线的面积差。当我们到达第一条曲线的对径点时——与我们刚开始的位置正好相反 (成 $180°$ 角), 该函数将再次改变符号, 从正变为负, 或从负变为正。由于连续性, 中间一定有一个点的函数值为零——在这个点上, 两条曲线内的面积被同时一分为二。

谜题 本谜题利用了这样一个事实: 在没有素数的整数中可以有任意长的间隔。回想一下, 素数是指除以任何整数 (除 1 之外) 都会得到余数的数。为了使自己相信这一事实, 请注意 $k!+2, k!+3, \dots, k!+k$ 给出 $k-1$ 个连续的非素数 (当 $n \le k$ 时, $k!+n$ 整除 n, 因为 $k!$ 和 n 都整除 n)。

证明可以找到一个整数 N, 使 N 和 $N+1000$ 之间正好有 13 个素数。

解答 论证基于离散连续性的简单概念，我们现在将对其进行解释。令 $p(N)$ 表示 N 和 $N + 1000$ 之间的素数个数。请注意，在 1 和 1001 之间有超过 13 个素数。因此，$p(1) > 13$。请注意，对于任意 N，$p(N + 1)$ 与 $p(N)$ 最多相差 1。从这个意义上讲，$p(N)$ 具有离散连续性。由于我们知道有足够大的 M，使得 $p(M) = 0$ (由于素数之间可以有任意大的间隔)，因此当达到 M 时，$p(N)$ 从大于 13 的数变为 0。由离散连续性可知，对于某些 $1 < N < M$，$p(N) = 13$，这就是我们想要证明的结论。

引力透镜效应

爱因斯坦提供了引力的几何解释。爱因斯坦的理论没有将引力视为牛顿所描述的大质量物体之间的吸引力，而是基于曲率的概念。他告诉我们，质量的存在确实会导致空间和时间的结构弯曲或扭曲。空间和时间的扭曲会影响附近物体的运动，从本质上讲，这就是我们称为引力的现象。

要探索这个想法，请考虑球面上的两点。这两个点之间的球面上有一条唯一的最短路径 (或测地线) (图 45)。尽管从传统意义上讲，这条路径不是 "直的"，但它仍然是球面上最短的路径。实际上，也有例

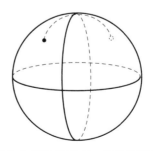

图 45 球面上任意两点之间通常只有一条最短路径。

外：对径点之间有无穷多的最短路径。另外，我们可以从球面上的给定点出发，沿着给定方向尽可能走直线行进。这就是所谓的测地线。我们由此获得的路径将是球面上的一个大圆。

也可能会出现其他情况。在图 46 所示的甜甜圈形状的环面上，横截面圆两侧的点之间存在拓扑上不等价的测地线路径。

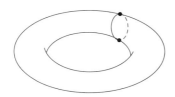

图 46　在环面上，横截面圆两侧的点之间会有两条最短路径。

爱因斯坦的理论预测，光总是在两点之间的最短路径上传播。但是，时空的曲率意味着该路径在欧几里得空间中看起来可能不是直的。例如，该理论告诉我们，太阳作为一个大质量的物体，会使通过的光线发生弯曲。人们确实在日食期间观察到了太阳周围光线的弯曲，这是第一个由实验证实了的爱因斯坦广义相对论的预言。

现在，这提出了一个有趣的问题：是否会出现这样一种物理状况，即多个测地线会产生单个物体的多个像？

尽管爱因斯坦知道理论上可以产生多个像，但他并不相信会有可能观测到。引力透镜效应的第一个例子是 1979 年被观测到的，当时天文学家在亚利桑那州的望远镜上发现了同一个类星体的两个像 (称为孪生类星体或双类星体)，这是由位于类星体和地球之间的星系所造成的引力透镜形成的。从那时起，已经发现了无数个类似的例子。在下一节中，我们将看到引力透镜效应原则上应产生奇数个像。但是，在某些光线被遮挡的情况下，地球上的天文学家有可能会看到偶数个像，这正是人们观测上述双类星体时发生的事。

通常, 假设没有光线被遮挡, 则总是有奇数个像。如果定义这个数字为 $2n+1$, 则恰好有 n 个像被反转 (意味着方向颠倒了)。

为了确定上述观点, 似乎我们必须了解有关爱因斯坦相对论的一些深层事实——该理论建立在一组相当宏大复杂的非线性偏微分方程上。但是, 正如将看到的, 我们需要知道的主要事情是爱因斯坦理论遵守连续性。在证明这一点之前, 我们必须为那些想深入了解此领域的人介绍一些数学背景。设 $f: X \to Y$ 是空间的映射。(在这里, 我们只讨论相同维度的光滑流形之间的光滑映射。) 这引出了度的概念, 它在后面的论述中起着核心作用。

从 X 映射到 Y 时, 关于度的不太精确的定义是: 映射到 Y 的每个点 (像) 的 X 点 (原像) 的数量。用数学语言重新表述, 我们可以如下定义度: 对于某些 $y \in Y$, 度为 $\#\{f^{-1}(y)\}$。

示例: 由 $\theta \mapsto n\theta$ 给出的映射 $f: S^1 \to S^1$ 的度为 n。

但是可能会出现复杂的情况, 如下面的例子: 考虑两个同心圆的映射, $S^1 \to S^1$, 将外圆映射到内圆, 可是外部 (闭) 曲线不完全是圆, 而是其中有一个小的褶皱 (如图 47 所示)。径向线定义了从外圆到内圆的映射。在径向线与褶皱相交的地方, 从外圆到内圆的映射似乎是 3 对 1, 而不是 1 对 1。但是一般来说, 如果我们考虑到如下事实: 原像具有不同的 "方向", 它们有不同的符号 (+ 或 −), 那么映射的度仍为 1, 如图 47 中再次看到的那样 (下图中的中点将带有负号)。两个相反符号的原像相互抵消, 留下度为 1 的映射。

可是仍然存在另一个问题: 当两个符号相反的原像合并将相互抵

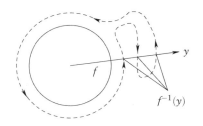

图 47 沿径向线定义从虚线圆到实线圆的映射。度为 1 的映射可能具有非标准形式，它会"原路返回"自身，从而给出多个原像。为了解决这个问题，我们还必须考虑原像的方向。

消时，在某些点上的原像数量是偶数。这种情况在离散集合中会发生，因此我们可以通过对所考虑点的微小扰动来避免它们。[15]

现在我们回到光线问题。假设没有任何东西阻挡光线到达我们这里。我们将重新描述这个问题，使它更简单地成为计算映射的度的问题。

假设我们正在观测一颗恒星的像。考虑一个以恒星为中心同时又穿过我们的大球面。现在考虑另一个小得多的球面，它同样以恒星为中心，但大小刚好包括恒星本身，如同恒星的表面 (图 48)。考虑从小球到大球的映射，该映射是通过追踪光线路径得到的。映射之所以存在，是因为我们假设没有光线被阻挡，因此每条光线都到达无穷远，从而穿过大球面，并且它是连续的，因为物理定律是连续的。我们很想知道这个映射的度。想象一下，慢慢"消除"恒星与我们之间宇宙中的所有质量。于是，所有光线全部变成直线，映射成为恒同映射，即 $S^2 \to S^2$，因此度是 1 (如图 48 的左图所示)。现在想象一下，在空间中

---

[15]度的一般定义是：如果 $f: X \to Y$ 是光滑流形的映射，那么我们要为多重数指定 ± 1。在这些点附近，空间看上去像欧几里得空间，f 是一个 $\mathbb{R}^n \to \mathbb{R}^n$ 的映射。每个这种点的符号就是雅可比矩阵行列式的符号。

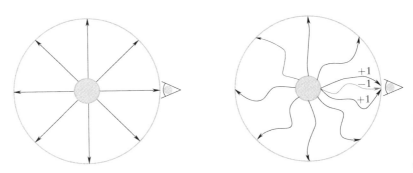

图 48　决定从恒星到外部观测者的光线路径的映射的度始终是 1。左图
中，中间没有其他物质，度显然是 1。在恒星和观测者之间添加物质后，
映射发生了变化，但是由于物理的连续性，度不能跳跃。因此，像的净数
量 (考虑到方向) 仍然是 1。

不断加入质量。度应该始终为 1，因为当我们改变参数时，物理定律仍
然是连续的，所以度与映射的关联是连续的。由于最终的度是 1，这意
味着必须有奇数个原像。也就是说，我们将观察到奇数个像，这样当用
+/− 符号作为方向对它们进行计数时，我们应该得到 1。这意味着点
数为 $2n + 1$，其中 n 个点为负方向。请注意，我们只使用了爱因斯坦
广义相对论的连续性!

　　从这个练习可以看出，许多看似困难的物理问题可以不用 (太多)
物理知识就可以解决。我们必须谨慎地查明，物理中的陈述是由拓扑
确定的 (我们在这里将其视为约束)，还是基于物理定律的细节。

5

违背直觉的数学

序言

不论好坏，我们是具有习惯的生物。经历给我们留下深刻的烙印，影响我们对问题的看法。有时候，从这些经验中可以得出智慧，但也可能会得到一些错误的想法。涉及数学问题时，我们可能会先入为主地认为正确答案应该是什么。尽管直觉有时很有价值，但它也会误导我们。但是，简单的数学思维通常可以使事情变得清晰。下面这则轶事告诉我们，当直觉让我们误入歧途时，会发生什么。

一则笑话。一位数学家、一位物理学家和一位工程师试图证明所有奇数都是素数。

数学家说："3 是奇数，3 是素数。5 是奇数，5 是素数。7 是奇数，7 是素数。根据归纳法，所有奇数都是素数。"

物理学家说："3 是奇数，3 是素数。5 是奇数，5 是素数。7 是奇数，7 是素数。9 是奇数，9 不是素数。一个实验误差。11 是奇数，11 是素数。13 是奇数，13 是素数，等等。"

工程师说："3 是奇数，3 是素数。5 是奇数，5 是素数。7 是奇数，

7 是素数。9 是奇数，它 $+/-10$ 也是素数，等等。"

谜题 想象有一条巨大的皮带紧紧缠绕在地球的赤道上。我们打开皮带，把长度增加 1 m。这条皮带离地球表面有多远？你能在它下面插进一张纸吗？能放下一只老鼠吗？或是一座摩天大楼？

解答 不用任何数学能做的最简单猜测是：皮带只会升高一点点，你甚至无法在其下面放一张纸。直觉引导我们做出的预期被证明是错误的。如果你想象将皮带均匀地提升到地面上方，使其再次形成一个圆，新的圆周长就是 $2\pi R+1$，其中 R 为地球半径。皮带形成的新圆的半径为 $(2\pi R+1)/(2\pi)=R+\frac{1}{2\pi}$，比 R 长 16 cm。虽然 16 cm 并不是很大，但考虑到大多数人的预期，这个数字还是大得惊人。因此，你确实可以在皮带下放一只老鼠，以及更大的啮齿类动物甚至一只猫！

当我们考虑皮带不必在所有方向上均匀离开地面时，结果更令人惊讶。它可以延伸的最远距离是多少呢？也许最简单的预期是，你可以在某一点把皮带拉到尽可能远，这将离地面大约半米的高度 (将多余的松弛部分对折，可以增加半米的高度)。然而，计算证明，在某一点拉起会导致赤道上方更大的上升幅度。计算皮带实际的上升量需要一些微积分 (不熟悉微积分的读者可以跳过)。让我们假设皮带与地球表面相切的角度不超过 2θ (图 49)。从图中可以看到，皮带长增加 1 m (跟地球周长相比)，$\epsilon=2R\tan\theta-2R\theta$，赤道上方的上升高度 $h=R\cdot\sec\theta-R$。取很小的 θ，并将函数展开成幂级数，可以消掉 θ，并找到 h 和 ϵ 之间的关系：$h=\frac{1}{2}R^{1/3}\left(\frac{3\epsilon}{2}\right)^{2/3}$。请注意，当 $\epsilon\to0$ 时，$\mathrm{d}h/\mathrm{d}\epsilon\propto\epsilon^{-1/3}\to\infty$。换句话说，我们获得的高度与我们增加的长度 ϵ 的比值，随着我们增加的长度趋于零而趋向无穷大。当 $R=$ 地球半径，

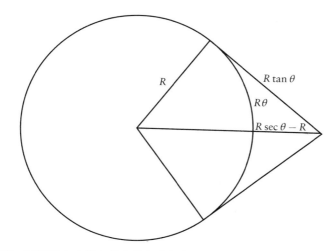

图 49　即使绕在赤道上的皮带长度仅仅只增加 1 m，从一侧拉起的皮带
却会比赤道高出 121 m。

$\epsilon = 1$ 时，我们有 $h = 121\,\mathrm{m}$，这确实是违反直觉的。你看，我们确实
可以塞下一座摩天大楼！"大本钟"钟楼也很容易安放在皮带下——
自由女神像也一样，包括基座和火炬顶部！

下面的推理使得上述内容更加直观：首先请注意，在给定周长的
任何形状中，圆具有最大的面积。因此，如果我们将圆稍微变形一点，
变为不同的形状时，它的面积不应有明显的变化 (因为我们已经达到
了面积的最大值)。我们在这里所做的，就是将皮带和地球间的所有面
积置于皮带的一个狭小角落内。这就是为什么我们能够得到如此大的
高度。

谜题　在一个圆上选取 n 个点，用直线连接所有可能的点对。这
会把圆的内部分为多个区域。求圆周上给定数量的点所划分的区域个
数。例如，对 $n = 2$，我们得到 2 个区域，对 $n = 3$，我们得到 4 个区

域。是否有一个通用公式？如果有，是什么？

解答 对于较小的 n，结果如下：

n	2	3	4	5
区域个数	2	4	8	16

这表明答案为 2^{n-1}。我们甚至可以快速地解释为何这可能是正确的：每个新点都会生成额外的线，将每个区域切成两半，因此每添加一个点，区域的数量自然会翻倍。

但是，这个推理给出的答案是错误的。对 $n = 6$，我们得到 31 个区域，而不是 32 个。类似地，对 $n = 7$，我们得到 57 个区域，而不是 64 个。用二项式系数表示的通解是 [16]：

$$1 + \binom{n}{2} + \binom{n}{4}.$$

我们来考虑这三项。如果没有线，那么只有 1 块区域。这解释了第一项。对每一条额外的线，我们会得到一个新的区域，这解释了 $\binom{n}{2}$，因为当我们从 n 个点中选择一对点时，就会给出这么多条线。但是，对于每组四个点，都有一个额外的交点增加了一个额外的区域。这解释了 $\binom{n}{4}$。这个你可以自己证明。

最初，我们以为答案是 2^{n-1}，因为它是如此简单，并且一直到 $n = 5$ 都是正确的。仅仅是看到了这种模式，我们可能就会认为它可以无限扩展 (尤其是计算更大的 n 值变得越来越困难)，可这是不正确的。换句话说，实验很重要，但只有少量的实验可能会误导我们。对于许多人，尤其是物理学家来说，教训是避免过早得出结论，应该继续

---

[16] $\binom{n}{k} = \frac{n!}{k!(n-k)!}$。

检查!

但是,你可能仍然想知道,关于这个问题为何会使我们误入歧途,是否还有另一种解释。现在考虑

$$1 + \binom{n}{2} + \binom{n}{4} + \binom{n}{6} + \cdots + \binom{n}{n} = 2^{n-1}$$

(如果 n 是奇数,最后一项是 $\binom{n}{n-1}$)。你可以通过 $(1+1)^n = 2^n$ 和 $(1-1)^n = 0$ 的二项式展开来证明。直到 $n = 5$,上述公式与我们的答案一致,这说明对 $n < 6$ 得到的指数答案是正确的。但是对于更大的 n,由于缺失高次的二项式,正确答案就会开始偏离我们之前的预期。简而言之,我们不仅成功找到了该问题的正确答案,而且还能够回顾过去并解释我们如何、为什么以及哪里出现了问题。

谜题 用 $n \le 3$ 条直线,你能在平面上划出多少个区域?考虑 3 维空间中的同一问题:用 $n \le 4$ 个平面,你能获得多少个区域?更一般地,考虑 d 维超空间中的 $n \le d+1$ 个超平面 (超平面是比它们所在空间低一维的平面),它们能将此空间划分为多少个连通区域?

解答 答案是:

$$\sum_{i=0}^{\min(d,n)} \binom{n}{i}.$$

对较小的 d,让我们尝试从直觉上来理解这个答案。如果 $d = 2$,则超平面就是一条 (1 维) 直线。一条直线将 $\mathbb{R}^2$ 划分为 2 个区域,2 条直线划分为 4 个区域,但是 3 条直线只划分为 7 个区域,而不是 8 个。如果 $d = 3$,则超平面是一个普通 (2 维) 平面。一个平面将 $\mathbb{R}^3$ 划分为 2 个区域,2 个平面划分为 4 个区域,3 个平面划分为 8 个区域,但是 4 个平面划分为 15 个区域,而不是 16 个。在 $d \to \infty$ 的极限下,对所有

的 n，它都等于 2^n。对有限的 d，只有当 $n \le d$ 时，它才等于 2^n。

这是物理学中常有的现象，有许多表达式可以在不同极限下化简。对于本题，化简发生在 $d \to \infty$ 处。

无穷悖论

千百年来，无穷这个概念让人类既好奇又困惑。古希腊哲学家埃利亚的芝诺设计了一系列关于无穷的悖论——至少有 9 种流传至今，这些悖论导致了看似荒谬的结果。2400 多年后，无穷的概念仍为我们留下许多谜团。

众所周知，正整数或自然数的集合 $\mathbb{N}$ 是无穷的。在实轴上的任意两个自然数之间，有无穷多个有理数 (表示为两个整数的商)。因此，直觉可能会告诉我们，它们中的有理数比整数更加无穷。在这里，我们的直觉是错误的，因为在整数和有理数之间存在一一对应或"双射"。有理数 $\mathbb{Q}$ 的总数或"基数"与 $\mathbb{N}$ 相同。

描述这种情况的一种方法是在点阵上表示有理数 $\frac{p}{q}$，并像螺旋一样用正整数"缠绕"它 (图 50)。我们看到，如果在盘旋时开始对点阵上的点进行计数，并跳过未定义 (当 $q = 0$ 时) 或未简化 (当 p 和 q 是一个整数的倍数时) 的点，则我们得到 $\mathbb{Q}$ 和 $\mathbb{N}$ 之间的一一对应。

现在考虑实数集合 $\mathbb{R}$ 和平面点的集合 $\mathbb{R}^2$。它们显然都是无穷的，但第二个似乎明显大于第一个。但是，它们实际上具有相同的基数。一种一一对应的方法是取 x 的十进制展开 $x = x_1 x_2 x_3 \cdots$，形成一对实数 $x_1 x_3 x_5 \cdots$ 和 $x_2 x_4 x_6 \cdots$。这还不完整，但描述了大致的想法。

实数比整数多，但是存在基数位于它们之间的集合吗？这与连续统假设有关，该假设认为不存在这样的集合。但是，这一假设无法得到

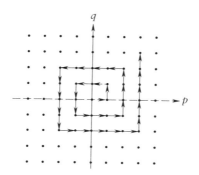

图 50   整数和有理数一样多。通过缠绕正整数，并在平面上盘旋来覆盖每一对整数，我们可以看到这一点。

证明或证伪。换句话说，在不确定该假设是否正确的情况下，我们可以选择将此事实 (或其否定) 作为公理，来获得一套可用的数学系统。

在逻辑学中有一个相关的定理，即哥德尔不完备定理，它说在任何逻辑系统中，都存在在该框架内无法证明或证伪的问题。物理学家可能会担心，人们发现的宇宙定律可能永远都不完整。根据哥德尔不完备定理，无论是物理现实，还是特定物理现象的有效性，有可能都不能通过有限的公理或定律来建立。这在当代物理学中还不是紧迫的问题，但是随着我们的理论变得更加成熟，并带领我们更接近真理的前沿，它可能会在未来成为一个问题！

另一个与无穷相关的著名例子是希尔伯特旅馆问题。

谜题   某旅馆拥有无穷多个以自然数 $1, 2, 3, \ldots$ 为标号的房间。一位旅客想要一个房间，但被告知所有房间已被住满。旅客可以提出解决方案吗？如果 (可数) 无穷多个的旅客同时出现怎么办？是否有一个解决方案可以容纳所有人？

解答 可以! 如果一个旅客出现, 她建议每个人向右移一个房间 $n \to n+1$, 突然有一个空房间, 即 1 号房间。如果有可数无穷多个人出现在旅馆, 我们可以让旅馆的客人搬到两倍房号的房间, 留下可数无穷多个奇数号房间仍然空着!

令人惊讶的是, 这种悖论在物理学中得到了应用! 回想一下狄拉克的例子, 有无穷多个电子填充负能态——"狄拉克海"。可以想象每个电子可以同时上移一个能级 (图 51)。在量子力学中, 人们实际上可以通过提升能级并诱导这种行为来生成电子。类似地, 如果所有电子下移一个能级, 我们就会留下一个 "带正电" 的空穴——一个正电子。我们应该认真考虑数学中的佯谬——关于无穷的悖论, 它们可能从根本上并不是不合理的——因为有时候, 它们真的可以模拟现实!

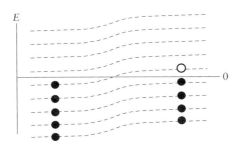

图 51 能量向上转移后, 狄拉克海的状态向上移动了一步, 在这个过程中, 我们生成了一个电子!

谜题 (违背直觉的数学) 假设你每天服用两种不同的药丸 (A 和 B), 每种吃一片。这些药丸很难用肉眼分辨。有一天, 你不小心把两片 B 和一片 A 混在了一起。你怎样服药才不会浪费这三颗药呢?

解答 把一片 A 和三颗有疑问的药丸放在一起。然后将每个药丸分成两半, 小心地把这些半片药丸分成两堆。于是我们剩下两堆, 每堆

88

都有正确的每日剂量。

谜题 你参加的一个聚会只有 5 对夫妇。每个人都只和他们不认识的人握手。除了你的配偶，每个人都告诉你，他们握手的次数不同。你的配偶握了几次手?

解答 每个人最多可以和 8 个人握手 (他们认识自己的配偶和自己)。握手的次数有 9 种可能，总共有 10 个人，因此你配偶的握手次数一定和某个人相同。

4 对夫妇中的一人一定握手 8 次，一人一定握手 0 次。握手 8 次的人已经和除了配偶以外的每个人都握了手。因此，这个人一定是握手 0 次的人的配偶。同样，我们可以配对 7 和 1、6 和 2、5 和 3。请注意，以上提到的所有人握手的次数都不同。这就只剩下一种可能: 你和你的配偶一定每人握手 4 次。

解析级数

数学家对解开这种谜题很感兴趣，这在物理学中也经常出现。我们先来证明

$$1 + 2 + 2^2 + 2^3 + 2^4 + \cdots = -1.$$

设 $x = 1 + 2 + 2^2 + 2^3 + 2^4 + \cdots$。很容易看到，如果将其乘以 2 并加 1，你会得到相同的级数。换句话说，我们可以简写为

$$2x + 1 = x,$$

这意味着 $x = -1$。这是一个违背直觉的结果，但却是正确的。尽管这种简单的推导在某种程度上缺乏严格性，但通过 "解析延拓"，我们可以在数学上做到更加精确。我们回想一下 $(1-x)^{-1}$ 的展开式，它与几

何级数有关

$$\frac{1}{1-x} = \sum_{n=0}^{\infty} x^n.$$

方程右侧仅当 $|x| < 1$ 时才有意义。但即使 $|x| > 1$，左侧也有意义。当 $|x| > 1$ 时，我们可以用左侧来理解右侧的含义。这被称为右侧对 $|x| > 1$ 的解析延拓。

再举一个例子，让我们看看所有自然数的总和

$$1 + 2 + 3 + 4 + \cdots = -\frac{1}{12}.$$

结果是有限和负数的事实再次违背直觉。我们如下定义一个称为黎曼 ζ 函数的解析函数：

$$\zeta(s) = \sum_{n=1}^{\infty} n^{-s}.$$

当 s 的实部大于 1 时，此函数定义在复平面上，但它可以在复平面中解析延拓为一个唯一的函数，就像上面的几何级数一样。一旦我们这样做，它就可以满足

$$\zeta(-1) = -\frac{1}{12}.$$

如果简单地将 $s = -1$ 代入定义式，那么我们将被迫得出这样的结论

$$\sum_{n=1}^{\infty} n = -\frac{1}{12}.$$

又一次，这种计算出现在物理学中 (特别是在寻找玻色弦的维数时)，它来自方程

$$(d-2)\left(\frac{1}{2}\sum_{n=1}^{\infty} n\right) = -1 \implies d = 26,$$

90

其中 d 是维数。这就是早期弦理论的 26 个维度的来源。[17]

在物理学中，奇点随处可见，但我们并没有充分的准备来应对。但是我们可以越过奇点，发现在它之外仍存在定义明确的点。这就是为什么复分析的思想对理论物理会有帮助。当遇到这种无穷级数时，我们尝试用解析的方法处理，这意味着我们试图找到一些函数，例如 ζ 函数，即使在人们不认为它有意义的区域中，它们也有意义。有时，解析的处理方法可能不是唯一的，但是如果几种方法给出相同的答案，那么我们会更有信心将其运用于物理理论中。

谜题 让我们考虑一些熟悉的东西：一张标准信纸大小的纸张。你有一把剪刀，想要以如下方式剪纸：纸张要保持连接，但你的整个身体可以穿过它。这可以做到吗？

解答 你可能会认为这显然是不可能的，因为纸张只有那么大，没有办法让它变得更大。然而，这确实是可以做到的，请按下页图指示的线来剪这张纸。

觉得这个结果出乎意料且违背他们直觉的人，可能是没有弄清如下的事实：面积和周长是不同的事物，它们的尺度不必紧密相关。这和我们中的一些人可能会被缠绕赤道的皮带问题所蒙蔽一样。

---

[17]撇开超弦和群的技术问题不谈：费米子/超弦的时空维度为 $d = 10$。这很特殊，因为 $d-2 = 8$。我们稍后会看到为何 8 个维度如此特别。在物理学中一个至关重要的概念是数学中的群。这也包括对称性。让我们首先谈谈离散群，它可视为由对称性构成，如反射和离散关系。例如，正方形的对称性形成一个群。类似地，任何正多边形的对称性都会形成一个离散群。3 维物体有类似的离散对称性吗？SO(3) 群由满足 $M^t M = I$ 的 3×3 矩阵 M 构成，其中 I 是单位矩阵。这些矩阵具有保持长度的性质。更准确地说，$\mathbb{R}^3$ 上的点积由 $\langle w, v \rangle = w^t v$ 给出。如果 $M \in$ SO(3)，则 $\langle Mw, Mv \rangle = w^t M^t M v = w^t v$。类似地，你可以讨论 8 维中的 "旋转"，并将群 SO(8) 定义为 8×8 矩阵 M，满足 $M^t M = I$。这里的数字 8 非常特殊；有一种现象在任何其他维度中都不会发生。在 d 维中，对于偶数维，"旋量" 的大小约为 $2^{d/2-1}$。现在，SO(d) 作用于 d 维矢量。通常，$2^{d/2-1} \neq d$，但是当 $d = 8$ 时，会发生一些特别的事情，它们会相等！事实证明，这种巧合与下述事实直接相关，即超弦理论家认为世界的维数 d 满足 $d-2 = 8$ 从而推出 $d = 10$ 维。这与超弦理论中存在的超对称性有着深刻的关联。

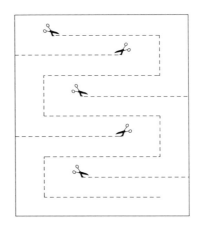

谜题 在一个黑暗的房间里有 100 个硬币。90 个正面朝上，10 个反面朝上。你无法 (凭感觉等) 区分硬币。如何将硬币分为两堆，每堆中反面朝上的硬币数量相同？

解答 请注意，堆的大小不必相同！选择任意 10 个硬币堆成一堆，然后将这 10 个硬币全部翻过来。现在，这堆硬币反面朝上的数量就等于另一堆 90 个硬币反面朝上的数量！

也许这听起来令人惊讶，这个看起来很难的问题居然会有如此简单的解决方案。为了证明这是真的，假设 10 个硬币的堆中有 x 个反面朝上。由于总共有 10 个硬币反面向上，所以 90 个硬币的堆中一定有 $10-x$ 个反面朝上。当你翻转较小堆中的所有 10 个硬币时，该堆的 x 个反面朝上的硬币会变成正面朝上，而其余的 $10-x$ 个硬币将变成反面朝上，跟较大的堆一致。因此，解决方案是正确的，它仅需要一些基础的数学知识。

谜题 考虑从 $x = 1$ 到 $x = \infty$ 的曲线 $y = 1/x$。如果绕 x 轴旋转该曲线，则会得到一个漏斗形的旋转曲面，称为加百利号角 (Gabriel's horn，也称托里拆利小号) (图 52)。这个曲面内能容纳多少水？你能"用颜料涂满"这个曲面吗？

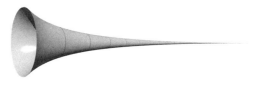

图 52　加百利号角的体积是有限的，面积却是无限的。

解答 虽然加百利号角的体积是有限的，只能容纳有限数量的水，但它的面积是无限的，不可能用颜料涂满该曲面。你可以如下计算面积：

$$A = \int_1^\infty \frac{2\pi\sqrt{1 + (y')^2}}{x}\mathrm{d}x = \infty.$$

但是，体积是有限的：

$$V = \int_1^\infty \frac{\pi}{x^2}\mathrm{d}x = \pi.$$

这个违背直觉的谜题挑战了我们关于"涂满"物体的观念。从物理上讲，这意味着用某种正的、均匀厚度的颜料涂满物体，但是在数学上，该厚度趋于 0。因此，体积和面积是不能比较的。俗话说，它们就像苹果和橙子一样不同。

蒙提·霍尔悖论或三门问题

谜题 你参加了一个游戏，主持人将一份奖品放入三个有盖的盒子中。你要从三个盒子中选一个。你选完后，在打开盒子之前，主持人会打开另外两个盒子中她知道不含奖品的一个盒子。然后，她会给你一次更改选择的机会。你可以重新选择或保持不变，哪个对你更有利？

解答 更改选择总是更好一些，因为你最初做出正确选择的概率是 $\frac{1}{3}$。重新选择后选对的概率是 $1 - \frac{1}{3} = \frac{2}{3}$。

许多人觉得这违背直觉，因为它看起来应该有 $\frac{1}{2}$ 的机会。这种直觉部分源于心理学：我们要么不愿意相信游戏主持人，要么抗拒改变。这种自然反应的一部分是完全错误的，它滥用了概率论。为了使情形更加直观，让我们想象游戏包含 100 个盒子，而不是 3 个。在你先选了一个盒子后，主持人打开了另外 98 个她知道是空的盒子。你会换成另一个剩下的盒子吗？在这种情况下，即使没有进行计算，也应该很明显，更改选择对你最有利! 毕竟，你第一次选对的可能性只有 $\frac{1}{100}$!

这里有一个荒诞的例子说明心理学 (以及对概率似是而非的应用) 会如何误导我们：欧洲核子研究中心 (CERN) 实验室正在建造大型强子对撞机 (LHC)，有人声称研究中心有 50% 的机会通过在对撞机上制造黑洞来毁灭地球。这一论点基于以下错误的推理：大型强子对撞机要么摧毁地球，要么不会，因此机会是五五开。[18]

谜题 你能在平面上画一条闭曲线，使其内部没有内接正方形么？

解答 这被认为是可能的 (根据托普利茨猜想)，但是并不确定。奥托·托普利茨在 1911 年提出了这个问题，并证明了它的特殊情形 (当曲线是分段光滑函数的图像时)，即对非自相交的连续闭曲线，我们

---

[18]沃尔特·瓦格纳 (Walter L. Wagner) 在《每日秀》(*The Daily Show*) 上说过这句话。瓦格纳和路易斯·桑乔 (Luis Sancho) 对美国能源部等机构提起诉讼，但被驳回 (显然这是一次理性的投票)。参见 https://2d.hep.com.cn/1155571/3 。

可以始终内接一个正方形。乍一看，这种说法非常不直观，不过根据我们拥有的选择——选择正方形的第一个点，然后确定正方形的边长和适应其他三个顶点所需的方向角——不难证明有足够的自由度来满足这个猜想 (图 53)。

(a) 首先，在曲线上选一个点并绘制两条垂直线段。

(b) 旋转这些线段，直到它们的长度相等。

(c) 然后，完成由这些线段定义的正方形。糟糕，最后一点没有落在曲线上。

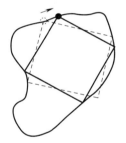

(d) 对曲线上所有的点重复前面的步骤。最终，我们将找到一个内接正方形。

图 53　托普利茨猜想的特殊情形：每个平面光滑闭曲线都包含一个内接正方形的所有四个顶点。

逻辑谜题通常会非常违背直觉。这就是一个例子。

谜题　一名被判处死刑的男子接到通知，他将在下周周一至周五的某个时候被处决。法律向他保证，他不会知道自己在哪一天被处决，但在即将处决的当天上午 10 点会通知他。该名男子推断他无法被处决。你能解释他的推理吗?

解答 如果他在最后一天被处决,那么他在周四就能推断出来。由于这违背了对他的承诺,他知道自己不会在周五被处决。但是,按照同样的归纳逻辑,他也不可能在倒数第二天被处决。他日复一日地继续这种逻辑,只要坚守对他的承诺,他就可以推论出自己根本不会被处决。

男子对自己的推理感到满意,坚信自己不会死。但是,这名囚犯在周二被处决,他并没有提前一天知道这个消息。他也无法预测自己被处决的日子。承诺得以被遵守,男子遭遇到了有些无法预测但仍是意料之中的结局。

另一个例子:考虑复数。因为找不到 $x^2 = -1$ 的实数解,所以人们就简单地"创建"一个新的数字 i,按照定义 $i^2 = -1$! 我们可以使用乘法法则将复数定义为一对实数

$$(x_1, y_1) \cdot (x_2, y_2) = (x_1 x_2 - y_1 y_2, x_1 y_2 + x_2 y_1).$$

如果我们尝试求解 $(x, y) \cdot (x, y) = (-1, 0)$,那么得到 $x = 0, y = 1$。你可能会反对说这是作弊行为,但事实往往证明,数学中的新思想涉及非直觉的建构。0、负数、分数和实数的出现都有着相似的历史。而且,复数已成为现代物理学的基础,特别是在量子力学中。[19]

下面是另一个例子:可定向曲面可以在 3 维空间中绘制,它们始终是带有 g 个孔洞的球面。在可定向曲面中,坐标系统 (在 2 维情况下

---

[19]如何在物理中运用复数? 比如, 拥有复数个苹果是何意? 事实证明, 物理量总是以实数来度量的, 即使在量子力学公式中也是如此。但是复数对于量子力学的表达形式仍是必不可少的。

由 x 轴和 y 轴组成) 不会随着你在空间中移动而变化。但是，当你在不可定向曲面上移动时，坐标轴会在某个点或某些点上翻转。此外，有些不可定向曲面不能放置在 3 维空间中。"克莱因瓶"就是这样的一个曲面。为了描述这一点，让我们首先考虑构建一个环面：将一张方形纸卷成圆柱体，然后将圆柱体的边缘黏在一起 (图 54)。对于黏结的第二步，也可以这样做：在黏结边缘时，我们翻转边缘的方向。这样，我们得到的就是所谓的"克莱因瓶"，而不是环面。从中得到的一个重要教训是：物体 (没有自交叉) 不能总是很好地嵌入低维空间中 (图 55)。[20]

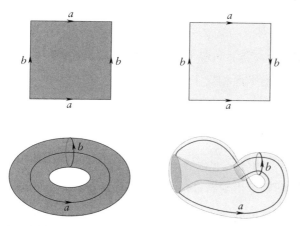

图 54　用不同方法来黏结矩形的对边，我们可以得到一个环面 (如左图) 或一个克莱因瓶 (如右图)。

经过一段时间的观察，人们可能会更加习惯于思考更高的维度。例如，如果你在 10 维空间中有一个 7 维平面和一个 8 维平面，则它们通常在 5 维空间中相交。你可以类似地考虑低维空间，从而得出结论。在 2 维中，两条 1 维直线通常相交于 0 维点 ($1 + 1 - 2 = 0$)。在 3 维

[20]图由 Vierkantswortel2 制作，发表在 Wikimedia Commons 上。

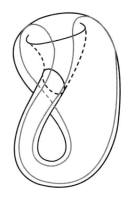

图 55　一个克莱因瓶 (尽可能地) 嵌入 3 维空间。尽管由于自交叉, 这种嵌入是有问题的, 但瓶子本身在数学上仍是合理的。

中, 1 维直线和 2 维平面通常相交于 0 维点 $(0 = (1+2) - 3)$, 同样, 3 维中的两个 2 维平面相交于 1 维直线处 $(1 = (2+2) - 3)$。通过类比, 我们可以推断出原始问题的答案是 $(7+8) - 10 = 5$。关键是, 通过将推理应用于熟悉的对象, 我们可能推断出更多奇特事物的结果, 例如 7 维和 8 维平面, 这些都超出了我们通常的想象。但到了最后, 你始终应该用严格的数学来检验你的直觉。

谜题　对于回答是非题, 吉尔答对的概率是十分之一, 而约翰答对的概率是十分之七。你会选择谁来帮助你回答问题?

解答　最好的策略是选择吉尔, 但要选择与她相反的结论。这样一来, 你答对的概率将会是十分之九。

谜题　一群眼睛颜色各异的人住在一个岛上。他们都是完美的逻辑学家, 如果一个结论可以从逻辑上推导出来, 他们会立刻得出结论。没有人知道他们自己眼睛的颜色。每天午夜 12 点, 有渡轮在岛上停靠。任何想出自己眼睛颜色的岛民都要离开小岛, 其余的人留下来。每个人都可以随时看到其他人，并统计每种眼睛颜色的人数 (不包括自己)，但是他们无法通过其他方式交流。岛上每个人都知道前面介绍的所有规则。

在这个岛上，有 100 个蓝眼睛的人、100 个棕眼睛的人和一名上师 (她的眼睛恰好是绿色的)。因此，任何一个长着蓝眼睛的人都可以看到 100 个棕眼睛和 99 个蓝眼睛 (以及 1 个绿眼睛) 的人，但这并不能告诉他自己眼睛的颜色。据他所知，总数可能是 101 个棕色和 99 个蓝色。或者，100 个棕色，99 个蓝色，而他的眼睛可能是红色。

在岛上无尽的岁月中，上师只被允许说一次话 (假设是中午)。她站在岛民面前说：

"我可以看到蓝色的眼睛。"

是谁离开了这座岛？是在哪天晚上？

解答　答案是：在第 100 天，所有 100 个蓝眼睛的人都会离开！

如果你考虑岛上只有 1 个蓝眼睛的人的情况，可以证明他显然是在第一天晚上离开的，因为他知道他是上师唯一可能提到的人。他环顾四周，没有看到其他蓝眼睛的人，因此他知道自己应该离开。

如果有 2 个蓝眼睛的人，他们将互相看到对方。两人都会意识到"如果我没有蓝眼睛，那么那个人就是唯一的蓝眼睛的人。如果他是唯一的蓝眼睛的人，那么他将在今晚离开"。他们都会静观其变，当他们都没有在第一天晚上离开时，两人都会意识到"我一定有一双蓝眼睛"。在第二天晚上他们都离开了。

这种归纳可以一直持续到第 99 天，那时每个人都会知道自己有一双蓝眼睛。这样，他们每个人将等待 99 天，看到其余的人都没有去任何地方, 在第 100 天晚上, 他们都离开了。

谜题 这个生日问题是一个经典的违背直觉的问题: n 个人中至少有 2 个人有相同生日的概率是多少?

解答 当 $n = 23$ 时, 概率约为 50%。当 $n = 50$ 时, 概率约为 97%。这个概率高得惊人。因为没有 2 个人有相同生日的概率是

$$\frac{365 \times 364 \times \cdots \times (365 - n + 1)}{365^n},$$

所以至少有 2 个人有相同生日的概率是

$$1 - \frac{365 \times 364 \times \cdots \times (365 - n + 1)}{365^n}.$$

很多概率问题都是很不直观的。但是, 情形并非毫无希望。随着时间和练习, 我们刚才讨论的那些问题会变得更加熟悉, 最终更符合我们的直觉。无论是在数学还是在物理中, 建立直觉都是一个关键。这正是我们接下来将会看到的。

6

物理直觉

直觉的物理学

在探讨了违背直觉的数学后，我们来研究直觉在物理中的作用。许多物理直觉是根深蒂固的，但也是可以培养出来的。物理学家希望将自己的直觉发展到无须进行详细计算就可以快速回答物理问题的程度，这样的话，详细计算就只是为了完善和量化他们的直观理解。

理查德·费曼就是一位这样的物理学家，他一直以出色的物理直觉闻名。但他并不是与生俱来就有强大的直觉，大部分应该归功于他所进行的详细数学计算。事后，他经常回过头来问自己，如果没有这些计算，他能否预见到结果。在许多情况下，他发现最初通过困难的数学计算得出的结果可以有简单直观的解释。因此，直觉并不是先天就有的。但是在下一次遇到类似问题时，费曼就不用那么辛苦了。他可以用自己的直觉"猜测"一些重要问题的答案。

要记住，直觉的物理学绝不是微不足道的物理学。只有你恰好以正确的方法方式分析问题，直觉才没那么重要。同样的事情也会发生在好的谜题上。你可能花了很长时间求解一个谜题，却不知该如何动手。这个问题似乎不可能解决，直到大脑的某个开关被拨动，你意识到一种新的方法，使得求解看上去突然变得更容易了。即便答案本身(在"开关"被按下后)可能非常简单，但求解问题所需要的对心理的重新定位通常并非易事。这就是为什么做谜题对研究物理是很好的训练，反之亦然。在一个领域有效的策略在另一个领域也可能富有成效。

伽利略

当伽利略研究运动定律时，已有大量的哲学讨论涉及这个问题。例如，亚里士多德提出了直观的想法，即较重的物体在自由落体过程中加速更快。当然，这是我们许多人都认同的观念。伽利略通过一项著名的实验驳斥了这一命题：他把大大小小的物体从比萨斜塔上扔下来，表明了较轻和较重的物体在自由落体过程中的加速度相同。许多人对此感到惊讶。一般来说，实验方法在那个时代并不被重视。人们更倾向于接受通过"纯粹理性"得出的事实，认为不应该为了获得真相而弄脏双手来进行实验。

后来，伽利略也通过纯粹的推理为其结果提供了支持，他所采用的逻辑是如此的优雅和简单，使得其实验结果看上去显而易见。论证过程大致如下：假设有两个形状和质量完全相同的物体。

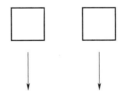

将这两个物体在同一高度静止释放。哪一个会先着地？显然，由于物体的大小相同，因此它们应同时着地。这是对水平方向平移对称

的简单表述。现在，取第三个大小相同的物体，和原来两个物体放在一起，再次从相同高度同时释放。

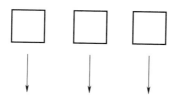

很明显，它们将同时着地。同样明显的是，在释放三个物体之前将它们水平移动，不会改变所有三个物体同时着地的事实。现在想象一下，将开始那一对靠在一起，以至于它们看起来像是同一个物体。

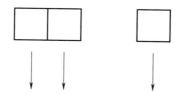

它们可以看成大小为原来物体两倍的单个物体，但显然它们仍然会与另一个物体同时着地。因此，一个物体和两倍质量的物体会同时着地。现在结果显而易见！这样的清晰程度通常不容易做到，这说明我们的物理直觉需要改进才能得到正确结果。我们最初的直觉认为，较重的物体会首先着地，这可能源于心理的预设：也许我们更加关注较重的物体，因为它在撞击时会比较轻的物体传递更多的能量。如果我们自然倾向于给予较重物体更多关注，我们就可能假设它们会先着地。

牛顿

这是一个众人皆知的故事，伊萨克·牛顿爵士关于引力的想法是由他母亲花园一棵树上掉下来的苹果所引起的。这个故事有不同的说法，有人说他观察到了苹果的掉落，还有人说他的头部被苹果砸中。无论哪种情况，掉落的苹果给他留下了深刻的印象。但是，有人可能会问，一个苹果与引力控制的行星轨道有什么关系？

这就是牛顿在他的《自然哲学的数学原理》(*Philosophiae Naturalis Principia Mathematica*) 一书中所描述的。他问道，为什么月亮不像苹果一样落下？为了弄清楚这个问题，他做了一些修改。假设北极上有一座高山，如图 56 所示，我们从山顶发射一枚炮弹。当然，它会掉到地上。但是，假设你用更大的力量发射炮弹。它仍然会掉到地上，尽管落地的距离要远得多。如果你用足够大的力量发射，炮弹的移动距离将达到地球半径的大小，可能会落在赤道上。如果你用更大的力量发射，炮弹会落得更远，可能会落在南极。假设你再加大发射的力量，炮弹将不会击中地球，而是会绕回来[21]。

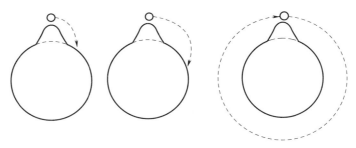

图 56　初始速度足够大的炮弹很像绕轨道运行的月亮。

---

[21]在上面的讨论中，我们忽略了空气阻力。

现在，我们比较一下月亮和思想实验中的炮弹，月亮没有掉落的原因变得很明显：如果没有地球，月亮将直接飞向太空。但由于地球的引力，月亮偏离了这条路线。它不断向地球坠落，但也不断与地球擦肩而过，因为地球是圆的。这就是我们最终得到的结果：炮弹在轨道上绕地球转动。确实如此，月亮正朝着地球坠落，但地球是圆的，所以当月亮试图落到地球上时，它总是错过！因为地球是圆的，所以月亮不能更靠近地球。

现在，你也可以凭直觉得出这样的事实：以临界速度发射一个物体，可以将它送入圆形轨道。如果物体移动得过慢，它就会掉下来。如果物体移动得太快，它将直接飞向太空。如果速度不那么快，它可能会进入一个圆形轨道。但是，我们不能从上述讨论中得出轨道必然是周期性的结论。确定这一事实需要进行计算，尽管直觉仍然可以让我们走得很远。

最初，月亮掉落的问题不能凭直觉得出结论。但在改变了我们的观点后，它变得容易理解了——也许到了显而易见的地步。

谜题 一辆以 10 英里/小时的速度缓慢行驶的卡车，与一只以 20 英里/小时的速度反向飞行的苍蝇相撞。碰撞后，苍蝇黏在车窗上。猜一下，碰撞之后卡车速度有什么变化？(不要使用任何公式。)

解答 从物理直觉上，我们很清楚卡车的速度几乎没有变化。不用说，基于物理定律的精确数学计算证实了这种直觉。

105

数学中的物理直觉

物理直觉也可以用来推导数学定律。我们将在本节中介绍一些这类例子。[22]

让我们回顾一下托里拆利定理，在第 3 章 (第 54 页的脚注) 中曾简要提及过它 (找出位于方形四个角的四个城市间最短高速公路系统的一部分)：假设我们在桌子上有三个点，想要把它们连接起来，使它们之间的距离之和达到最小。我们从数学上论证了，路径必须形成一个有三个 $120°$ 角的 "三次" (trivalent) 图 (在顶点处相交的三条直线的集合)。如下是物理的思考方式：想象一下在桌子上相同的三个位置凿三个孔，然后将三个相同的球连到三根 (固定长度) 绳子的末端，并在上方的同一顶点处相连 (图 57)。假设球的质量等于 m，整个系统的势能为 $-mg$ 乘以悬在桌子下方的绳子长度之和。当悬在桌子下方的绳子长度达到最大时，系统的势能达到最小。在这一点上，桌子上的绳子长度达到最小，因为绳子总长度是固定的。通过平衡条件，我们看到顶点的张力必须平衡，由于所有张力都相等 (被相等的重量拉着)，因此角度也必然相等，必为 $120°$。这表明，将物理用于研究原本的数学问题，可以带给我们洞察力，引导我们得到简单的解决方案，这用最初的数学表述似乎很难做到。

---

[22] 本节讨论的许多例子均取材于马克·列维 (Mark Levi) 的精美著作《数学力学：使用物理推理解决问题》(*The Mathematical Mechanic: Using Physical Reasoning to Solve Problems*)。如果想了解物理直觉影响数学的方式的更多例子，读者可查阅这本书。

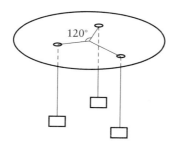

图 57　挂着三个相同重物的绳子会稳定在使桌面上绳子总长度达到最
小的点。显而易见，三个相等大小的力将公共点拉向三个不同的方向，
达到平衡时，相邻绳子的夹角角度应为 $120°$。

最佳拟合线　想象一个数据点集 (x_i, y_i) 的图。假设我们想找到最
佳拟合线 (出于线性回归的目的)，这意味着我们要让从数据点到直线
竖直距离的平方和达到最小。如图 58 所示，我们可以把这些点看作桌
上的钉子，水平方向为 x 轴，垂直方向为 y 轴。钉子连接到弹簧上，弹
簧连接到直杆上的环上。弹簧被限制在竖直的管道中，只能在竖直方
向移动。钉子到杆的距离平方代表了弹簧的势能，因此，找到最佳线性
拟合就等同于找到使弹簧势能达到最小的杆的位置。

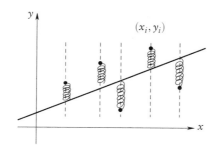

图 58　最佳拟合线可以通过物理方法找到，即将点集连到杆上，并确定
杆的位置。

现在我们用物理方法来求解这个问题。我们知道，在平衡状态下，

107

杆上的力和转矩必须平衡。如果用 $y = mx + b$ 来描述杆的位置，根据胡克定律，第 i 根弹簧作用在杆上的力与 $y_i - (mx_i + b)$ 成正比，因此力的平衡表示为

$$\sum_i y_i - (mx_i + b) = 0.$$

现在考虑杆上的转矩。我们对每根弹簧都施加转矩 $x_i F_i$，所以我们的第二个条件是

$$0 = \sum_i x_i F_i \Longrightarrow \sum_i x_i (y_i - (mx_i + b)) = 0.$$

毫不奇怪，这些公式与线性回归的公式完全相同。

人们可能对上述模型不以为然。我们所做的只是将数学问题转化为物理问题，然后再用数学来求解。那么我们从这些转换中得到了什么呢？令人惊讶的是：此时的物理模型引发了一个新的问题，而这个问题在其他情况下可能不那么明显。对物理学家来说，将弹簧的运动严格限制在竖直方向似乎是人为的。如果我们取消这个约束，如图 59 所示，允许弹簧朝着任意方向移动会如何？毕竟，寻找到直线距离平方 (而不是竖直方向上的距离) 的最小状态似乎很自然。

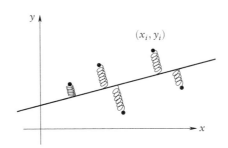

图 59　当 x 和 y 具有相同的不确定性时，不限制在竖直方向上运动的弹簧对应最佳拟合线。

108

实际上, 如果 x 和 y 的不确定性同等重要, 这才是正确的做法。通常的线性回归假设 y 的不确定性远大于 x 的不确定性。因此, 物理直觉使我们能够以一种被证明有用的方式来重新定义数学问题, 甚至可能产生新的见解。

谜题 给定一个三角形和该三角形的两条中线, 由第三个顶点及两条中线的交点 (图 60) 形成的线是否也是中线?

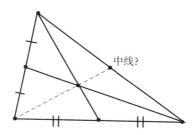

图 60 三角形的三条中线会交于一点吗?

解答 假定三角形是无质量的。然后, 我们引入物理, 假设在三角形的每个顶点都挂上相同质量 (如图 61 所示)。如果我们通过反复试验, 找到这个由三个质量组成的系统的质心, 则可以在质点正下方的支点上找到平衡。

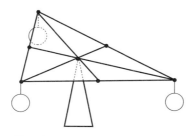

图 61 在这个物理模型中, 中线必然通过质心。

现在考虑任意两条中线。质心必位于它们的交点, 因为对于每条中线，与其他两个重物相对应的重物所引起的转矩将达到平衡，因此每条中线都应穿过质心。由于物体只有一个质心，第三条中线也必须穿过它。因此，所有三条中线必通过同一点。

谜题 给定以下指定长度的三角形，底边各段的长度之比是多少？

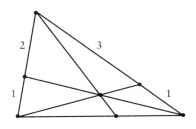

解答 我们在以 $2:1$ 和 $3:1$ 分割两侧边的线的交点处放置一个支点，穿过交点的另一条线将底边分割为一个尚未确定的比例。从图中可以看出，我们需要在三个顶点 (顶部为 1，左侧和右侧分别为 2 和 3) 处附上 1、2 和 3 kg 的不同质量，以平衡转矩和三角形整体，从而使该交点成为有效质心。可以很容易看出，底边的分割比例必为 $3:2$。这个练习说明了物理直觉的力量，因为不用物理来求解并非易事。

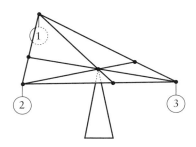

谜题 考虑正实数。AM-HM 不等式表明算术平均值大于调和平均值：

$$\frac{a+b}{2} \geq \frac{2}{\frac{1}{a} + \frac{1}{b}}.$$

证明下述不等式 (AM-HM 是其 $a = d, b = c$ 的特殊情形) 为真：

$$\frac{1}{\frac{1}{a+b} + \frac{1}{c+d}} \geq \frac{1}{\frac{1}{a} + \frac{1}{c}} + \frac{1}{\frac{1}{b} + \frac{1}{d}}.$$

解答 我们可以用物理来证明这个不等式成立，而无须进行复杂的数学计算。我们在图 62 中所做的就是将问题转换成一个电路图，其中 a, b, c 和 d 是电阻。不等式的左侧表示开关打开时的电路总电阻；而右侧表示开关闭合后的总电阻。每当在电路中添加一条导线时，电阻就会下降，这就是不等式成立的原因。基于对并联电路如何工作的物理知识，我们不需要任何复杂的数学计算就知道此结论是正确的。物理学使问题形象化，有助于证明这个纯粹的代数问题！

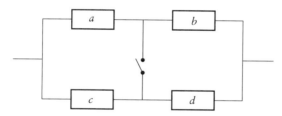

图 62　为证明数学不等式而设计的电阻电路！

阿基米德的"我发现了，我找到了！"

阿基米德的浮力原理认为，完全或部分浸入液体的任何物体，它受到的浮力等于其所排出液体的重量。

这听起来似乎不合常理，但我们可以用一种使它看起来几乎显而易见的方式来解释这一原理。假设在一桶水中有一个物体，例如王冠。现在想象我们执行某种"外科手术"，把王冠去掉，并在其位置放回水，如图 63 所示。其余的水不可能知道那里是水还是王冠，因此其作用方式就好像那是水一样。但是用水代替王冠后，系统是完全均匀的，我们认为它将处于平衡状态。换句话说，水没有任何流动。这意味着，其余的水在这部分水上的合力必须等于其重量，这样才能支撑住它！当我们把王冠放回去时，其余的水不可能知道那里有什么。因此，王冠会受到同样的浮力，就好像水在那里一样，因此其重量减少的量等于被排出水的重量。

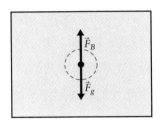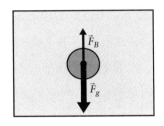

图 63 对任何浸入水中的物体，因为其余的水不知道那里有什么，它会用一个与排出的水的重量相等的力将其向上推，就好像那里是水一样。

顺便说一句，在民间传说中，阿基米德是在考虑如何识别假王冠时发现了这条定律的。据说有一天在浴缸里洗澡时，他突然想明白这个道理，大叫起来"Eureka!"——即希腊语的"我发现了，我找到了!"。这个故事是否准确我们不得而知。根据传说，他只是想找到王冠的密度。由于重量相对容易计算，这只是一个测量王冠体积的问题，即把王冠浸入水中，观察被排出水的体积就可以了。也许在他之前，人们还不知道体积守恒，这一发现为他提供了一种方法，即通过将物体浸入水中来计算物体的体积和密度。所以这里并不需要浮力定律。当然，

112

阿基米德确实由此发现了浮力定律。

谜题　用某种小豆子装满盒子，然后在下面深埋一个乒乓球。摇晃盒子，观察乒乓球会发生什么。你能解释看到的现象吗？

解答　乒乓球会浮到表面，原因与密度较小的物体浮到水面上一样。这只是浮力的另一个例子：乒乓球就像我们前面例子中浸入液体的物体，在这种情况下，"水"由小豆子组成。乒乓球的密度比豆子小，因此对它的合力是向上的。

勾股定理

为了说明物理如何引出新的数学，我们现在用物理来证明勾股定理。考虑一个直角三角形容器，边长分别为 a，b，c，容器中装满了水 (图 64)。直觉上似乎很清楚，容器不会移动；它必须处于平衡状态。现在，我们将探讨力和转矩处于平衡状态的数学意义。水作用在容器某一侧的力等于压强 (如果容器的高度较小，则压强为常量) 乘以这一侧的面积，因此与高度乘以边长成正比。为了简单起见 (尽管不失一般性)，我们可以将容器高度标准化为 1。

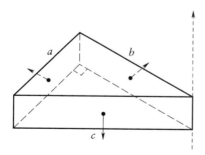

图 64　一个装满水的直角三角形容器可用于证明勾股定理。

力的总和为零的事实说明三个矢量形成一个三角形 (即我们开始

的那个直角三角形)。现在让我们看一下转矩。我们首先需要选择一个轴来测量转矩。想象用一根垂直杆穿过 b 和 c 边相交的顶点。绕该轴的合转矩必须为零,否则三角形就会向某个方向旋转。回想一下,转矩等于力和杠杆臂的乘积。因此,长度为 b 一侧的转矩为 $b \times \frac{b}{2}$。长度为 a 一侧的转矩为 $a \times \frac{a}{2}$,指向相同 (顺时针) 方向,斜边的转矩为 $-c \times \frac{c}{2}$,因为它指向另一个 (逆时针) 方向。由于它们的和为零,我们得出 $a^2 + b^2 = c^2$。

我们还可以推导出额外的数学表达式:想象一下,将杆穿过直角顶点。如果 $a < b$,则相对于该轴的转矩为 $\frac{a^2}{2} - \frac{b^2}{2} + c\Delta = 0$,其中 Δ 是斜边中点和杆与斜边交点之间的距离。尝试仅通过几何方法证明这个等式,而不使用任何物理。此外,如果有兴趣,你还可以使用物理方法来证明更一般的结果,比如考虑更一般的三角形来证明余弦定律。

尚不清楚这是否可以被视作勾股定理的实际证明。问题在于,在我们对转矩的定义中,勾股定理是否在某种程度上是预先假定的。至少,这仍然是在物理情景中考虑勾股定理的有趣方式。

谜题　一张圆桌被三只腿支撑,桌腿彼此相隔 120°。你想在桌子边缘的某处施加垂直向下的力来掀翻桌子。问题是,在边缘的哪一点向下按,可以使掀翻桌子所需的力最小?不用计算,仅凭直觉来回答。[23]

解答　显然,理想的位置是在任一对桌腿正中间的边缘处。不用说,我们可以用牛顿力学来证明这一说法。但是,如果我们得到任何不

---

[23]费曼在他的系列讲座中引用了这个问题。

同的答案，就会开始质疑它的假设。不过，如果我们想要了解细节，例如掀翻桌子所需力量的大小，那就必须进行更精确的计算，当然，这应该证实我们关于在哪里施加力的直觉。有时候，直觉会与数学相冲突，必须修正我们的直觉。反过来，有时我们在应用数学时也可能会犯错，在这种情况下，直觉可以为我们提供有力的检验。

狭义相对论

奇怪的是，直觉可以引导我们得出与直觉相反的结论。例如，爱因斯坦在建立狭义相对论时，使用了直观的思想实验，它具有许多令人难以置信的含义，例如时间膨胀、长度收缩和 $E = mc^2$ 公式。

狭义相对论的核心是一个非常不直观的假设：光速对于每个人都是相同的，无论他相对于光源的移动速度如何。如果人们接受这一非常不直观的原则，那么该理论的其余结果将变得非常直观。

爱因斯坦通过思想实验提出了时间膨胀的概念。想象一下，你坐在火车上，相对于地面以很高的速度 $\bar{v}$ 行进。狭义相对论的一个结果是，如果一个人坐火车返回原点，那么他的手表将与地面上静止路人的手表不同步。为什么？

想象一下，在火车车厢中有一对镜子，一个在天花板上，一个在地

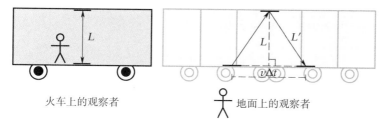

火车上的观察者   地面上的观察者

图 65　在移动的火车上，相对于地面的时间会变慢，简单地运用勾股定理并假设光速对每个人都相同 (不管他们的速度如何) 即可证明。

板上，镜子之间的距离为 L (图 65)。让我们从火车上 (而不是地面上) 的人的角度来测量光束从一个镜子反射到另一个镜子的时间。从火车乘客的角度来看，光是垂直上下移动的，即 $\Delta\tau = \frac{2L}{c}$，其中 c 是光速。但是，从旁观者的角度来看，光线正在沿对角线移动。如果火车移动 $v\Delta t$，那么光束来回反射所需的时间是 $\Delta t = 2\frac{L'}{c}$。请注意，我们依据的基本原理是，对于两个观察者来说光速 c 是相同的。但是显然 $L' > L$，所以 $\Delta t > \Delta\tau$，即对火车上的人来说，时间过得更慢。或者，就像人们有时所说的那样，"移动的时钟走得更慢"。

此论证最不直观的部分可能是断言光速在每个参照系中始终是相同的。如果你接受了这个说法，其余的就很明显了。

我们可以用代数和 (刚刚用物理方法证明的) 勾股定理来得到时间膨胀的结论

$$\Delta t = \frac{\Delta\tau}{\sqrt{1 - v^2/c^2}}.$$

换句话说，在地面上测量的时间要长 $\frac{1}{\sqrt{1-v^2/c^2}}$ 倍。

统计力学

在无法精确描述单个粒子行为的情况下，可以用统计力学来描述具有大量粒子的系统。

统计力学中的基本量是熵，

$$S = \ln\Omega,$$

其中 Ω 是粒子可能状态的数量。举例来说，对于一个已知总能量为 E 的粒子系统，通过计算粒子间能量分配方式的多少，可以求得粒子状态的数量。Ω 是粒子状态的数量，熵是它的对数。基本的假设是：每个状态发生的概率相同。这似乎是人们可以做出的最自然的假设，但它可以导致令人惊讶的预测。

谜题 在 1 到 1000 之间，我选了一个数。你可以猜一个数，我会告诉你，它是等于、大于还是小于我选的数。试着用最少的猜测次数来找到正确答案。

解答 你可能对"二分"搜索很熟悉，它总是试图猜测可能范围的中间值。这是最好的方法，因为你可以有效地最小化系统的熵。[24]基本上，你希望自己能够从每次猜测中获得尽可能多的信息。因此，平均划分范围是最佳策略，因为它可以让你排除任何一个问题一半的可能性。任何其他的划分方式可能会让剩下的可能性超过一半。所以我们要优化最坏的情况。

谜题 有 12 枚硬币。你被告知其中一枚是伪造的，比其他的更重或更轻，但你不知道是哪枚硬币，以及它是更轻还是更重。你有一个天平，可以称出两边重量的轻重关系。为判断哪一个是假币以及它是更重还是更轻，你最少需要多少次称重？如果有 500 枚硬币而不是 12 枚呢？

解答 在这里，我们再次将可能性分成相等的部分，就像前面的谜题一样。假设总共有 12 枚硬币，则有 24 种可能性，每一枚硬币都可能是假币，假币可能比其余的硬币更重或更轻，因此有 $12 \times 2 = 24$ 种可能性。每次我们比较两组硬币时，有三种可能的结果：第一组比第

---

[24]在每一步中，根据你提出的问题，将可能的数集 N 分为两部分，$N = N_1 + N_2$。要使剩余的可能性最小，要问的最佳问题是使这些可能性的熵最小，即最小化 $p_1 \log(N_1) + p_2 \log(N_2)$，其中 $p_i = N_i/(N_1 + N_2)$ 是我们落在给定集合中的概率（以固定 $N_1 + N_2 = N$ 为前提）。如此推理得出 $N_1 = N_2 = N/2$。

二组更轻、更重或重量相同。因此,我们需要设计一种称重策略,将集合尽可能均分为三组。我们能做的最佳选择是

$$24 \to 8 + 8 + 8,$$

$$8 \to 3 + 3 + 2,$$

$$3 \to 1 + 1 + 1 \quad 或 \quad 2 \to 1 + 1 + 0.$$

这为我们提供了指导。因为 $3^3 = 27 \geq 24$,我们能做到的最佳结果就是用三次称重找到假币,并确定它的重量。要得到第一个拆分 $24 = 8 + 8 + 8$,你很容易想到,将 12 枚硬币分成三堆,每堆 4 个。然后,在天平上称其中两堆的重量。如果第一堆比第二堆重,则你知道:在第一堆的 4 枚硬币中,有 1 枚比平均值重,或者第二堆的 4 枚硬币中,有 1 枚比平均值轻,这有 8 种可能性。如果第一堆较轻,则结果类似。如果前两堆的重量相同,那么你就会知道假币在第三堆中,它可能更重或更轻,同样有 8 种可能性。后续称量可以如法炮制,具体细节留给读者来完成。

对于 500 枚硬币,方法也类似。最小尝试次数的答案是 7。这种情况有 1000 种可能性,就像 12 枚硬币有 24 种可能性一样。每次称重都有三个可能的结果,因此将可能性空间分为三个部分。由于 $3^6 < 1000$ 和 $3^7 > 1000$,因此至少需要进行 7 次操作才能区分每种可能性。你会希望每一步 (尽量) 将可能性分为 3 个相等的组。可能没有一种确切的方法可以做到这一点。因此,我们尚未证明这个任务可以在 7 个步骤中完成,但我们证明了它不可能用更少的步骤来完成。

谜题 你有 100 瓶葡萄酒,其中一瓶有毒。你的朋友们愿意帮你找出有毒的那瓶,但要等到 24 小时后才能看到毒性效果,而你要在

25 小时后举办一场聚会。你最少要招募几位朋友才能确定哪瓶有毒?

解答 只需要 7 个朋友。用二进制来标记这 100 个瓶子。最多需要 7 位数字,因为 $2^7 = 128 > 100$。你让第 n 个朋友只喝第 n 位二进制数字为 1 的那些瓶。这样,你可以找到有毒那瓶酒的二进制表示,方法是将中毒朋友对应的每个数位置为 1,将其他数位置为 0。当然,这些人必须是很好的朋友且自愿完成这项任务,希望这个毒药不是致命的!

谜题 假设我们正在玩下面的游戏:往墙上扔一个球,使其反弹并击中天花板上的某个物体 (这里忽略重力),如图 66 所示。我们应该瞄准墙的什么地方?

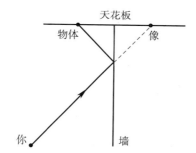

图 66 你可以用墙上的镜子来准确瞄准目标。

解答 我们可以在墙上放一面大镜子,并瞄准目标的镜像。

谜题 站在海滩上的救生员需要营救一名溺水的游泳者 (图 67)。在这种情况下,时间是生死攸关的问题。救生员在陆地上的速度是 v_1,在水中的速度是 v_2,对于陆地生物,v_1 大于 v_2。他选择什么路线才能使到达溺水者的时间最短?

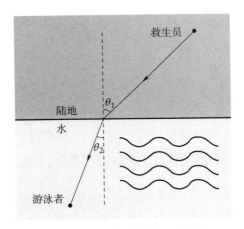

图 67　救生员选哪条路线才能尽快到达溺水者那里?

解答　救生员在地上的移动速度要比在水中快,因此他需要确定开始游泳的正确位置。这个问题可以看成:计算从海滩到海岸线、再从海岸线到游泳者的最佳角度。答案可以从斯涅耳定律获得:

$$\frac{\sin\theta_1}{\sin\theta_2} = \frac{v_1}{v_2}.$$

斯涅耳定律 (折射定律)通常用来描述光 (或任何其他波) 在通过一种介质 (速度为 v_1) 到达另一种介质 (速度为 v_2) 时如何改变方向或折射。这个定律告诉我们,光通过不同介质传播时所走的路径是总时间最短的路径。但它也同样适用于上述救生员在陆地和水中以不同速度移动的例子。我们可以通过使用微积分最小化 $t = \frac{l_1}{v_1} + \frac{l_2}{v_2}$ 来求解这个问题,其中 l_1, l_2 分别表示陆地和水中的路线长度。

但我们也可以设计一个机械系统来解决这个问题,而不求助于高等数学。考虑一张桌子,在对应于救生员和游泳者的位置开两个孔。在救生员位置悬挂质量为 $m_1 = \frac{1}{v_1}$ 的物体,在游泳者位置悬挂质量为 $m_2 = \frac{1}{v_2}$ 的物体,两者用绳子连接,如图 68 所示。在对应海岸线的位置放一根杆。在杆上套一个可以自由滑动的圆环,并把连接两个重物的绳子套进圆环中。

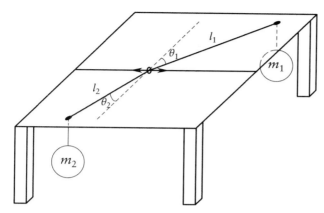

图 68　帮助救生员找到最佳路线的物理模型。

现在,我们可以通过确定最小势能的位置来求得原始问题的解。由于绳子的总长度是固定的,为了使势能最小,必须使桌子下方的长度达到最大,它们承受悬挂重物的拉力。(这里的势能用 mgh 表示,其中 h 是重物离地面的高度。) 请注意,每段绳子的长度是固定的。因此,当 $m_1gl_1 + m_2gl_2$ (即 $\frac{l_1}{v_1} + \frac{l_2}{v_2}$) 达到最小时,势能最小。因此,对于绳子 (同理, 对救生员) 而言,最佳路线就是平衡状态下的位置。这意味着什么? 设 T_1, T_2 表示每段绳子上的张力,它们分别为 m_1g 和 m_2g,与 $1/v_1$ 和 $1/v_2$ 成比例。在平衡状态下,沿杆的水平力必须抵消 (否则环会在杆上滑动): $T_1 \sin\theta_1 = T_2 \sin\theta_2$ 。这表明 $\frac{\sin\theta_1}{\sin\theta_2} = \frac{v_1}{v_2}$。因此,我们证明了斯涅耳定律使时间最小化——这一事实有利于抢救溺水者。

斯涅耳定律最初提出的问题,即绳子长度和光之间的关联如下:光会沿着最小旅行时间的路线行进,就像救生员寻找最短旅行时间的路线一样。

7

违背直觉的物理学

迄今为止的研究已经证实，并不是物理学的所有方面都符合直觉。实际上，物理学中一些最令人兴奋的事实恰恰证明了我们的直觉是错误的。有时，直觉告诉我们一种情形看起来不可能是真的，然而它确实为真。让我们回到浮力这一主题，开始探索违背直觉的物理学。

重温浮力概念　许多人认为现代物理学是反直觉的，这种观点当然有一定道理。从外行的角度看，这个领域变得越来越陌生。然而，反直觉的物理学绝不是当代才有的现象，它很早就出现了。举例来说，浮力已经被发现 2000 多年了，即使在这么多年后，这一主题在很大程度上还是反直觉的。因为人们通常会想：一艘很重的船怎么能仅仅靠水的浮力就浮起来呢？当然，我们在上一章看到，如果人们正确思考这个概念，就可以使它变得符合直觉。我们可以称之为纠正直觉，使物理学中反直觉的部分更加符合直觉。然而，一想到近半公里长的超级油轮居然可以运载重量超过 50 万吨的货物，似乎仍然会觉得很奇怪！

我们都知道，氦气球会由于浮力而上升。但是，如果你的车里有一个氦气球，车子突然停下，会发生什么？当你 (司机) 身体前倾时——

123

希望系着安全带, 气球将向后移动。如果车子转弯呢? 与你想的不同, 它会向内移动。这是因为, 在两种情况下, 从车内乘客的角度来看, 都存在一个有效加速度, 根据浮力判断, 气球的移动方向与相对于周围空气 (密度更大) 的加速度方向相反。

有一个更极端的版本, 即所谓的 "阿基米德悖论"。假设你有一艘大船, 但只有几桶水。你能只用这么多水让船浮起来吗? 答案令人惊讶, 能! 由于浮力是局部的, 如图 69 所示, 仅用非常薄的一层水就足以覆盖船底。确实, 我们在上一章关于浮力的讨论并未要求要有大量的水。

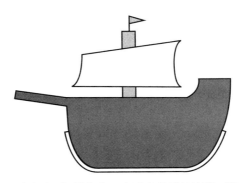

图 69　阿基米德认为, 如果你有一个适合船形的容器, 用一桶水就可以让船浮起来。

经典物理学中已经存在许多反直觉的事物, 但自从我们进入近代物理时代, 反直觉事物的数量迅速增加, 相对论、量子力学和弦理论等给人们带来巨大的困惑。

飞机　尽管我们不再过多质疑, 但是飞机能飞的事实着实令人震惊。要知道, 我们正在谈论的是一个巨大的金属装置在空中飞行! 这怎么可能?

机翼的设计是为了使空气在机翼上方移动得比在机翼下方更快。18 世纪初提出的伯努利原理指出,沿着流动方向 $P + \rho v^2/2$ 是固定值,其中 P 是压力,v 是速度,ρ 是流体的密度。因此,v 越大,P 越小。机翼上方的压力低于机翼下方的压力,因为机翼的设计使空气在机翼上方移动得更快。这就会产生一个向上的合力,从而使飞机上升。

尽管伯努利原理有一个反直觉的结果,但它有一个简单的起源:它本质上是适用于层流的能量守恒:流速 (因此动能) 的增加是由净压力的变化所做的功而引起的。因此,能量的变化伴随着压力的降低。

谜题 给你一个 (尺寸较小的) 强力吹风机和一个 (尺寸较大的) 轻型沙滩球。如何仅使用吹风机让沙滩球悬浮在空中 (如图 70 所示)?

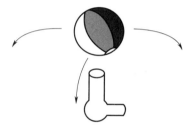

图 70 你能用吹风机把沙滩球悬浮在空中么?

解答 一开始,人们可能认为最好的办法是吹风机对准球的正下方吹,但这是一种不稳定的平衡,球很快就会掉下来。

令人惊讶的是,对准球正上方的气流吹 (如图 71 所示),而不是正下方,将会产生使球上升的推力。正如我们刚才在飞机那一节所讨论的,压力和速度由上述的伯努利原理关联起来。因此,当球上方空气的速度增加时,压力会降低,同时空气会向上推动球以抵消其重量,并导致一个稳定状态。

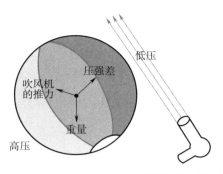

图 71　为了将球悬浮在空中,你需要用吹风机对准球的上方吹,而不是下方!

为何夜空是黑的

这并不像听起来那么明显。早在 1576 年,托马斯·迪格斯做了一次简单的计算,揭示了科学史上一个著名的谜题——夜空悖论。假设一个光源的光强按平方反比定律衰减,并且宇宙相对均匀,因此各处恒星的密度大致恒定,则我们可以计算出来自恒星的光强应该是非常耀眼的。实际上,在这些条件下,光强将是无限的,这与我们每天 (和"每夜") 所知道的经验相反:我们将不会有一个漆黑的夜空!

在上述假设下为何会出现这种情况? 让我们假设恒星数的密度为 ρ。那么在半径为 R、厚度为 dR 的球壳中所包含的恒星数约为 $4\pi R^2 \rho dR$。但是,光强与 R^2 成反比。换句话说,对每颗恒星,$I(R) = I_0/R^2$,因此我们从厚度为 dR、距离为 R 的球壳中接收到的光强大约为 $(I_0/R^2) \cdot (4\pi\rho R^2 dR) = 4\pi I_0 \rho dR$。如果对 dR 从 0 积分到 ∞,我们得到 $\int_0^\infty 4\pi I_0 \rho dR = \infty$。换句话说,来自恒星的光应该是无限明亮的。这显然是一个问题,因为有些地方说不通。

此谜题的答案是什么? 摆脱困境的一个方法是,假设我们的位置是特殊的，并且在整个宇宙中恒星密度不是恒定的。牛顿提出了一种不同的解决办法，即宇宙是有限的。简单计算可以证实，这个假设得出的结论与我们的观察结果一致。此外，这个问题还证明了悖论的价值，它把我们引向物理学的更深层次，包括有关宇宙有限性的暗示。

这个悖论的现代解决方案是宇宙正在膨胀。因此，光在空中传播时会发生红移，从而降低了能量。我们还知道，宇宙的年龄是有限的，这意味着只有有限数量的恒星发出的光才有时间到达地球。这两个因素共同解决了这一悖论。换句话说，即使宇宙的大小是无限的，我们所能看到的宇宙的有效大小也是有限的。从中我们可以看出，宇宙并不是无限古老的，这表明宇宙可能有一个开端。夜空之所以黑暗，是因为宇宙的年龄是有限的!

麦克斯韦方程

正如我们已经讨论过的，麦克斯韦找到了统一电学和磁学理论的方法。和我们现在所说的一样，他的方程得出的结论是：波以光速在真空中传播。但是，麦克斯韦从未这样想过。根据他的物理直觉，波是由物体振动产生的，这意味着在真空中不可能存在波。对他来说，在真空中有解的想法没有任何意义，因此他试图用一种称为"以太"的假想介质来解释，事实证明这是错误的。有时候，直觉会在某些方面误导我们，而在另一些方面却把我们带上了正途。

爱因斯坦的相对论

相对论充满了悖论，但可以说，看似最矛盾的是速度加法定律。根据牛顿物理学，如果一个物体在一个参考系中以速度 v_1 移动，则在相

对原参考系以速度 $-v_2$ 运动的另一参考系中,该物体应以速度 $v_1 + v_2$ 运动。但是,事实证明这是不正确的,特别是对于高速运动的物体。根据狭义相对论,正确的速度加法公式是

$$v = \frac{v_1 + v_2}{1 + v_1 v_2 / c^2},$$

其中 c 是光速。特别地,如果 $v_1 = c$,我们得到 $\frac{v_2 + c}{1 + v_2/c} = c$,与 v_2 无关!因此,光在每个参考系中有相同的速度。

谜题 有没有可能至少在理论上造出一台时光机? 想法是设计一艘宇宙飞船,以便你至少可以在时间上沿着一个方向旅行。哪个方向的时间旅行是可能的? 应该如何着手制造这样的装置? 如果要带你在地球上进行 1000 年的时间旅行,并且你希望旅途期间正好够你观看 2 小时的电影,请提供基本的设计说明。

解答 穿越回过去违反因果原则,任何物理理论都不允许。但是,你可以到未来旅行,方法是以足够高的速度过去,然后再返回。所需速度约为 $(1 - 2.6 \times 10^{-14})c$。这源于上一章讨论过的时间膨胀概念,膨胀因子为 $1/\sqrt{1 - \frac{v^2}{c^2}}$。因此,完成这项任务的设计需要相对地球能够达到如此高速度的火箭。以这样的速度,我们可以沿一个周长为 1000 光年的圆形轨道,从地球出发,再返回地球,这样我们有大约 2 个小时的时间观看电影! 在这个过程中,我们走过的距离仅仅是银河系半径的 1/50。

事实上,这并不像人们想象的那样不切实际。要将你的质量加速到这种速度,只需要和你质量相等的能量。对于体重约 100 kg 的人,可以从核能中产生这种能量。并且我们可以慢慢加速,不伤害飞船上的任何人。有人可能会想,为什么还没有这样做!

这就是著名的双生子佯谬。根据爱因斯坦的狭义相对论，所有惯性参考系都是等效的，那么双胞胎中一个的年龄如何会不同于另一个？答案是，双胞胎中的一个必须经过加速才能返回，从而破坏了他们之间的对称性。

思考这个问题会把我们引向另一个悖论：如果宇宙是周期性的，这会如何？例如，如果它的形状像圆柱体，宇宙飞船即使在不加速的情况下以恒定速度行驶，最终也可以停在同一位置，这会如何？在这种情况下，双生子佯谬会怎样？

答案是，有一个优选的参考系，在这个参考系中，宇宙在空间上是真正周期性的，当人们绕着空间运动时，时间不会改变。而这是你衰老最快的参考系。

经典实验　如果你把一个网球放在一个篮球上，并让它们一起落下，假设碰撞是弹性的，理论上，网球弹起的高度将比其下落时的原始高度高大约 9 倍。网球反弹得如此之高似乎完全不符合直觉，但这是根据能量和动量守恒定律的简单应用而得出的。工作机理如下：假设篮球和网球均下落并以相同速度 v 着地，在其下降过程中，我们进一步假设网球与篮球分开了一个微小的距离。篮球首先着地——因为碰撞是弹性的——并开始以速度 v 向上弹起，而网球仍以相同的速度下落。此时它们的相对速度为 $2v$。过了片刻，篮球将击中网球，使它向上飞行。篮球则继续以速度 v 向上移动，因为相比之下，网球很轻，其影响可以忽略不计。网球与篮球的碰撞也是弹性的，这意味着两个物体必须保持相同的相对速度 $2v$，为此网球必须以 $3v$ 的速度向上移动。由于可以达到的最大高度与初始速度的平方成正比，因此网球的弹起高度将是篮球的约 9 倍。

量子力学中的悖论

相对论和量子力学都出现在一个多世纪以前。虽然相对论很奇怪，但量子力学更奇怪。一百年后，这一领域的各个方面仍然继续困扰着世界上的顶尖物理学家，并且看不到丝毫的缓解迹象！

黑体辐射问题是引发量子力学出现的首批悖论之一。如果你考虑从一个盒子发出的辐射，经典的图像是在温度 T 下，根据统计力学，每个模式的能量为 $\frac{1}{2}kT$，其中 k 是玻尔兹曼常量。但是，盒子中的辐射波有无限多种谐波模式，因此能量应该是无限的。这和我们讨论过的夜空是漆黑的而不是无限明亮的无限光强问题类似。马克斯·普朗克提出以 $\hbar\omega$ 的倍数对能量进行量子化的方法，从而解决了这一难题，其中 ω 是辐射的频率。他证明，仅凭这一假设就足以解决悖论。基本上频率 $\hbar\omega \gg kT$ 的情况不会发生，因此我们有效地得到有限数量的辐射频率模式。

这一见解是迈向量子力学发展的重要一步，量子力学包含了我们今天所知物理定律中一些最违背直觉的部分。这些反直觉的方面始于量子力学的基本假设：粒子像波，我们无法确定物理现象的确定性，只能从概率上确定。粒子的位置由一个概率密度函数 (等于粒子的波函数的平方) 来确定。因此，位置的不确定性是粒子的固有方面，并不仅仅是因为我们测量设备的不足造成的。事实上，实验的结果取决于你要测量什么：测量因此成为理论的一个重要部分。

费曼曾说过这样的话："任何声称了解量子力学的人都在说谎。"像费曼一样，你可以成为量子力学的顶级实践者，而无须对这一学科有本能的感觉。同样，我们有时会在物理学中反复使用一种形式体系，而没有完全内化其基本思想。

量子力学的概率性质提出了一些关于决定论和自由意志的哲学问题。虽然这些联系在某种程度上是推测的，但量子力学本质上是违背直觉的。爱因斯坦对量子力学概率方面的疑惑广为人知，他认为"上帝不会与宇宙玩骰子"。玻尔对此做出了著名的回应："不要再告诉上帝该做什么！"

双缝实验 在双缝实验中，发射粒子穿过具有两个狭缝的屏障，并观察它们落在何处。首先，仅打开顶部狭缝，然后仅打开底部狭缝。最后，两个狭缝都打开（图 72）。你可能认为两个狭缝都打开时粒子路径的分布是每个狭缝打开时的分布之和，但事实并非如此！

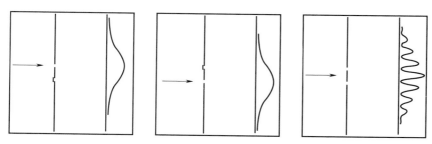

图 72　双缝实验中的干涉图样。

当两个狭缝都打开时，粒子不会只通过其中一个缝隙；它会像水波一样，同时通过两个缝隙！这样，粒子与自身发生干涉，从而产生干涉图样。即使我们一个一个发射粒子，也会发生这种情况：粒子会以干涉图样分布的形式积聚起来。这几乎就像是大自然在跟我们开玩笑。如果我们想要确定粒子"实际"通过了哪个狭缝，例如用光照射粒子并跟踪它的路线，我们会发现它只通过两个狭缝中的一个——但代价是现在干扰图样消失了！我们干预了实验。换句话说，测量的行为会影响结果。我们不能将实验设置与结果分开，也不能做严格被动的旁观者，而对事件没有任何影响。在某种程度上，这听起来像是心理学，我们得到的答案取决于我们提出问题的类型和顺序！

经典物理学还有一个类似例子。可以设置如下类型的实验。如果我们试图让光穿过两个特殊玻璃屏，从两个屏后面不会观察到光。但是，当在两个屏之间插入特殊的第三个屏时，你会突然看到光线！

这怎么可能？这里的屏是偏振器。它们过滤光的方式是使电场只在一个特定方向上振动。一开始，两个屏具有相互垂直的偏振轴，如图73 所示，因此从第一个屏出来的光在第二个偏振轴方向上没有电场，所以，在第二个屏后观察不到任何光线。通过在中间添加新屏，并选择其轴与其他两个屏成 45 度角 (如图 74 所示)，我们将电场的轴投影到不同方向。当光线到达最后那个屏时，它不再垂直于屏幕，而是与屏幕成 45 度角，因此一部分光线可以通过。[25]

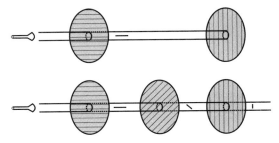

图 73　在中间加一个偏振器，可以让一部分光线通过。

---

[25]有趣的是，帆船利用类似的原理可逆风航行。舵的角度和帆的角度可以改变船的方向，就像使用偏振器可以改变电场轴的方向一样。在这里，我们遇到了一个看似不可能的情况——驾驶一艘被风推动的船在强风中逆行——这很容易解释。量子力学也常常如此，只是很少有那么简单的解释。

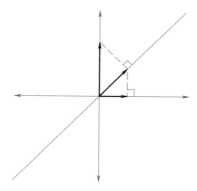

图 74　中间插入的偏振器导致偏振轴逐渐旋转。

　　这跟量子理论有什么联系呢? 考虑一个电子。它可以相对任何轴向上或向下自旋。这已经很奇怪了; 如果用经典理论推断, 我们可能会认为应该存在 "中间" 旋转。但事实并非如此; 对于你选择的每个方向, 电子沿该轴的自旋都将被量子化, 不是向上就是向下。你可以想象进行这样一个实验, 你问一个电子的自旋是向上还是向下。如果你针对两个不同的轴 (例如 x 和 y) 问这个问题, 你将迫使它自旋到这些方向。因此, 如果电子自旋的测量结果为相对于 x 轴向上, 然后相对于 y 轴进行测量, 你会发现沿 y 轴自旋向上或向下的机会均等。但是, 如果你测量一个电子相对于中间轴 $x = y$ 的自旋, 在测量它沿 y 轴的自旋之前, 实际上你迫使电子沿该中间轴选择一个自旋, 这个自旋更倾向于向上而不是向下。现在, 如果你沿着 y 轴测量自旋, 会发现它向上的概率更高, 从而改变了最终测量的结果。你所看到的这些同上述经典物理学中涉及光波的例子类似: 添加第三屏时, 它的偏振轴倾斜了 45 度, 电场被投射到新的方向, 这改变了最后一屏的结果。

133

量子力学中的不可区分性

  量子力学另一个反直觉的方面是基本粒子的不可区分性。如果我和你各有一个电子，我们将它们与其他电子放在一个盒子里，我们都不能"标记"自己的电子，以便以后将它们挑出来。区分两个电子是不可能的。这源于联合波函数的对称性。如果你在一个特定位置有一个电子，让它和另一个位置的电子交换位置，在物理上什么都不会改变，这就是我们所说的全同粒子的交换对称性。我们可以更进一步，说大自然在某种程度上是民主的。宇宙中的所有电子都是相同的、无法区分的；没有一个电子比另一个电子更受优待!

EPR 悖论

  众所周知，爱因斯坦是反对量子力学的，并试图设计思想实验来反驳它。其中之一就是"爱因斯坦–波多尔斯基–罗森 (EPR) 悖论"。假设你有一个自旋为零的原子，它衰变成两个粒子 (例如，一个正电子和一个电子)。参见图 75。由于最初的原子自旋为零，因此生成的两个粒子的净自旋也必须为零。因此，如果其中一个的自旋向上，那么另一个的自旋一定向下。但考虑到我们在讨论量子力学，在做实验之前，我们不能先验知晓是向上还是向下。

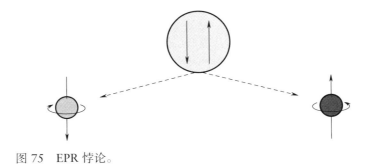

图 75　EPR 悖论。

现在假设衰变发生在很久以前，两个粒子已经分离，但还没有人测量过它们。然后，有人决定对其中一个粒子进行实验，来找出它的自旋。于是，他就可以绝对确定地预测另一个粒子的实验结果，因为另一个粒子将具有相反的自旋。换句话说，他正在一个遥远的地方决定一个实验的结果，而另一个实验者可能在这个时候正在做这个实验。[26] 爱因斯坦称这个令人困惑的概念为"鬼魅般的超距作用"。

实际上，测量中的非局域性概念是量子理论反直觉的一个方面。在量子力学中，两个粒子的状态和命运是"纠缠在一起的"，这意味着测量一个粒子等同于测量另一个粒子，即使另一个粒子恰好相距很远——远远超出了实验者的测量范围。爱因斯坦发现这个想法完全不令人满意，他 (和其他一些物理学家) 试图设计出量子力学的替代方案，他认为在量子力学中，场的概率特征之所以出现，并不是因为这是自然的运行方式，而只是因为缺乏关于系统状态的精确信息，就像统计模型经常出现的情况一样。他认为一定存在一些隐变量，对这些变量我们并没有确切的信息。但是，如果可以得到这些信息，我们就能对实验结果做出准确的预测，而不仅仅是用概率来陈述。

后来，约翰·贝尔找到了一种定量检验这一理论的绝妙方法。他构想了一个实验，通过实验，量子力学可以预测一个结果，而隐变量理论 (无论变量是什么) 可以预测另一个不同的结果。最近的实验证实了量子力学的图景，从而通过直接观察排除了隐变量理论。因此，我们必须接受这个爱因斯坦从未满意的新奇理论。

---

[26]有人提出，EPR 机制可以用来比光更快地发送信息。但这是不可能的，因为没有信息的传输速度能快于光速。EPR 悖论仅仅表明物理学是非局域的。

尽管量子力学 (以一种似乎经常违背直觉的方式) 在解释我们的世界方面取得了成功，但量子力学中有关测量理论的问题仍没有得到解决。一些物理学家推测，量子引力可能会让这种情况变得更加清晰。

黑洞

黑洞产生于广义相对论中爱因斯坦方程中的奇点。该理论的一个结果是，当你将足够多的物质塞进给定的体积中时，就会得到黑洞。例如，如果设法将太阳的全部质量挤压到半径小于几公里的区域中，则会出现黑洞。离开黑洞所需的逃逸速度必须超过光速。换句话说，一旦进入黑洞内部，任何东西都无法逃脱，甚至光也不行。因此，它们被称为黑洞。标记光线不可返回点的外边界称为黑洞的视界。超大质量黑洞被认为存在于许多星系的中心，也包括我们的星系。天文学家已经找到了黑洞存在的大量证据——并非直接观察到黑洞，而是通过研究即将落入黑洞的物质。此外，最近在 LIGO*实验中科学家还测量到黑洞合并过程中释放出的引力波。

尽管科学家对黑洞有了更多了解，但从理论的角度看，我们对这些物体还没有很好理解。在过去的 30 年中，我们一直试图回答，当某物落入黑洞时到底会发生什么 (图 76)，但至今为止我们还是没有找到答案。爱因斯坦的方程告诉我们，如果一个物体落入黑洞，它将在有限的时间内到达中心的奇点 ———一个曲率无穷大的点。至于在奇点处会发生什么，一切都是未知。

爱因斯坦方程的解表明，时空的曲率在某些位置变得无穷大，这意味着该理论本身不能完全描述黑洞。爱因斯坦本人曾拒绝相信黑洞

---

*激光干涉引力波天文台的英文缩写。——译者注

图 76　在有限时间内穿过 (事件) 视界并到达黑洞的奇点是有可能的。

可能存在，可是我们现在已经确定，它是存在的。而且，许多物理学家现在认为，为了解决位于黑洞中心的曲率奇异性，我们需要一个更广泛的理论，这个理论可以将广义相对论和量子力学结合在一起。

　　尽管已经取得了相当大的进展，但这已被证明是一项艰巨的挑战。约半个世纪前，斯蒂芬·霍金阐明，由于量子效应，黑洞可以发出霍金辐射。基于雅各布·贝肯斯坦的工作，霍金证明了黑洞的表面积与它的熵 (包含在其中的熵) 有关，而熵又与黑洞的质量有关。信息悖论的产生是因为落入黑洞的物体无法逃脱。但正如霍金告诉我们的那样，黑洞以热的方式辐射能量，这意味着黑洞最终将消失，不提供任何信息，从而摧毁落入其中的物体所携带的所有信息。这就带来了一个潜在的严重问题，因为量子力学声明信息不会丢失。我们目前的观点认为，这些信息可以通过某种方式获取，但我们对黑洞内部的了解还不够，不足以解释获取这些信息的机制。这就是黑洞被认为是宇宙中最神秘、最反直觉的物体的原因之一。

全息术

　　全息图是传达了 3 维错觉的 2 维图像。广义地说，全息术处理的系统比它们看上去少了一个维度。这与黑洞有什么关系？我们说过黑洞的熵与它的表面积有关，而不是与其体积有关。因此，在这种情况下，我们似乎遗漏了一个维度，就好像黑洞内的所有信息都秘密地编码在它的表面 (或视界) 上——就像全息图一样。参见图 77。以这种方式，一个 3 维问题突然变成了 2 维问题。这一思路已经成为物理学家们重要的灵感来源，他们试图将某一背景下的引力与一个较低维度的物理系统联系起来。这个被称为全息术的原理是当今理论物理学中最令人兴奋的工作的核心。公平地说，这项工作的主要推动力来自对黑洞的思考——这个不可能的物体在 1915 年的计算中首次出现，现在看起来比之前想象的要重要得多。

图 77 圆柱体内部的物体 (包括黑洞) 都可以从圆柱体边界的角度来描述。这是全息术的概念，最初由杰拉德·霍夫特和莱昂纳德·萨斯坎德提出。

8

物理中的自然性：量纲分析

教学一刻

老师在课堂上解释了以下定理：如果 M 是一个 $n \times n$ 矩阵，则 $\det(M - \lambda I) = P(\lambda)$ 是 λ 的 n 次多项式，称为 M 的特征多项式。事实上 $P(M) = 0$，称为凯莱－哈密顿定理。换句话说，一个矩阵满足其自身的特征方程。

一个学生问为什么这个说法是正确的。老师回答说："如果一个矩阵不满足自身的特征方程，那么它会满足谁的特征方程呢？"

这则轶事是被当作一个笑话的，虽然它的内容有些技术性。尽管这个笑话可能不会让人捧腹大笑，但它确实具有一定的教学价值——暗示了"自然性"这一概念，而这正是本章的重点。

量级

物理学家通常用"自然"一词来表达我们期待物理定律的合理性。让我们从日常生活中选取实例。例如，我们问，过去一周内你与多少人握过手?[27] 5 个、10 个还是 20 个? 物理学家估计这个数 (介于 1 与 100 之间) 的量级大约为 1，我们将其缩写为 $O(1)$。如果碰巧你是一位谋求连任的政治人物，或者是多个签售会上的名人，那么你完全有可能与成千上万个人握手。或者你根本没握过手。但这个大概的数 $O(1)$ 很可能是正确的。

这是量级估计的一个例子。通常在物理学中，我们总希望以合理的精度来估算一个量，但我们希望能快速做到这一点，而不必费力去确定确切的数。我们稍后将考虑一些这方面的例子。出于讨论的目的，我们约定量级就是在 100 倍以内。

物理学中有许多无量纲的 [*] 常数，如 $2, e, \pi, \cdots$。它们都是 $O(1)$ 的，我们很高兴将其代入公式中。每当看到一个公式带有令人抓狂的常数 (例如 10^{25}) 时，你都应该摇头并表示怀疑，或者至少问一问，这个数是哪里来的? 在我看来，这是物理学的一个可喜的趋势，因为它使物理学家的生活更加轻松，同时为整个领域注入了一定程度的合理性。

但是，这一观点对于有单位的量没有任何意义，因为我们可以用任意想要的方式重新定义单位的尺度。因此，这一期望只对没有量纲的量成立。换句话说，我们只是说希望无量纲的量是 $O(1)$ 的，因为这很自然。这确实是一个哲学原理——或许也是一个美学原理——不能仅靠推理来证明，但可凭经验来强化。

---

[27]这个问题是在新型冠状病毒肺炎爆发之前提出的!

[*]一个量的单位可以表示为所用单位制中的基本单位的幂次单项式的形式，这样的表达式称为量纲。原文关于量纲的个别表述不够严谨，译文略有修改。——译者注

量纲分析

假设我们对一个量感兴趣，它等于某个常数乘以 $A^a B^b C^c$，

$$量 = \# A^a B^b C^c,$$

其中 A, B, C 具有独立的量纲，而 $\#$ 是无量纲的。我们通常可以借助量纲分析来计算 a, b, c 的值。如果已知我们感兴趣的量依赖于很少的参数，并且这些参数的唯一组合才能给出这个量的量纲，这个方法就会特别有效。请注意，我们无法确定常数 $\#$，但我们可以猜测 (并希望) 它是 $O(1)$。

谜题 假设探索频道的《流言终结者》(*MythBusters*) 节目有一集试图复制电影中的大客车飞跃特技。他们按 $1 : 15$ 的比例制作了大客车和桥梁的模型。但是，他们如何确定全尺寸大客车速度 (60 英里/小时) 的缩放比例呢? (不要使用任何力学方程，只须用到它应该只依赖于重力加速度 g、大客车速度 v 和桥梁长度 L。)

解答 应按 $1 : \sqrt{15}$ 改变比例。为什么? 设临界飞跃速度为 $v(g, L)$，则

$$v \propto g^\alpha L^\beta.$$

设长度单位为 L，时间单位为 T，则 v 的单位为 $\frac{L}{T}$，g 的单位为 $\frac{L}{T^2}$，L 的单位为 L。因此，我们期望

$$v^2 \propto gL,$$

即

$$v \propto \sqrt{gL}.$$

141

所以，$v \propto \sqrt{L}$，速度比例为 $1 : \sqrt{15}$。

这是一个具有 $O(1)$ 因子的很好的公式。

实际上，我们可以计算出与垂直方向成 θ 角、以速度 v 释放的粒子的移动距离 L，它符合 $v^2 \propto \frac{gL}{\sin 2\theta}$。对于适中的 θ 值，$\frac{1}{\sin 2\theta}$ 仍然是 $O(1)$。

加速电荷的辐射

如果电荷加速，它会发光。让我们尝试用自然单位来帮助估算辐射光的功率。对初学者来说，功率是能量／时间。功率 P 是电荷、加速度和光速的函数：$P(q, a, c)$。在自然单位下，相关的量为：

(1) 力 $F \propto q^2/r^2$，能量 $E = F \cdot r \propto q^2/r$，所以 q^2 的单位为 EL，即 $[q^2] = \mathrm{EL}$，其中 $[q^2]$ 表示 q^2 的量纲，E 为能量单位；

(2) 功率的单位是 $\mathrm{E/T} = [q^2]/\mathrm{LT}$；

(3) 光速的单位是 $\mathrm{L/T}$；

(4) 加速度的单位为 $\mathrm{L/T}^2$。

现在让我们进行量纲分析。$\mathrm{T} = [c/a]$，$\mathrm{L} = [c^2/a]$。因此，基于得出正确量纲的唯一组合，我们可以猜测：

$$P \propto \frac{q^2 a^2}{c^3}.$$

正确答案是什么？原来我们只少了一个因子 $\frac{2}{3}$：

$$P = \frac{2q^2 a^2}{3c^3}.$$

这是通常所说的拉莫尔公式。同样，我们的估计与确切答案仅相差一个 $O(1)$ 因子。

142

标度和共形场论

取平面的一个区域并绕轴旋转，会得到一个如图 78 所示的 3 维物体。如果沿轴的长度为 L，则我们可以猜测所得物体的体积 $\approx L^3$，且具有某个 $O(1)$ 的比例常数。这通常是正确的，但对于病态或退化的形状也可能不成立。

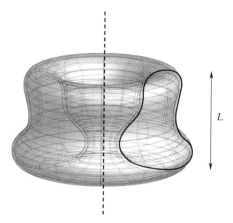

图 78 将沿轴长度为 L 的曲线绕附近的轴旋转会得到一个体积 $\approx L^3$ 的 3 维物体。

如果你把一个土豆 (的长度) 放大 10 倍，它的重量将如何变化？正好增加为 10^3 倍，因为对于一个固定形状，若每个参数都乘某个常数 λ，则其体积就会变为 λ^3 倍。这是关于量纲的一种精确的数学表述。这给我们带来了另一个谜题。

谜题 假设我们把人放大为现在的 100 倍，同时不改变我们的身体构造。这会带来什么问题？

解答 通过前面的说明，人的重量将增加为现在的 10^6 倍。但是，骨骼的强度并没有改变，我们的脚将会承受更多的重量，而脚的承重增量与脚的横截面积的增量成正比 (按平方增加)——这里就是 10^4 倍。这意味着骨骼承受的压力增加为现在的 $10^6/10^4 = 10^2$ 倍,骨头肯定会被压垮。

由此可见,我们的宇宙不是标度不变的。我们的身体有特定的大小 (当然,在一定范围内);原子有特定的大小;恒星有特定的大小。这是一个我们习以为常、显而易见的事实。但是,物理学中存在一些理论,即所谓的 "共形场论",它们在标度变化下是不变的。在这些理论中,我们感兴趣的量在宇宙的标度下以简单的方式变化。在共形场论中,没有物体具有质量,因为质量将设定一个尺度,这将在下面讨论。没有尺度的理论在某些方面使理论更加简单。

基本单位

在物理学中,我们不可避免地要处理有单位的量。物理学中最基本的量纲独立的量包括长度 (L)、时间 (T) 和质量 (M)。有很多具有冗余单位的量,例如电荷和温度。例如,电荷可以用普朗克常量 $\hbar$ 和光速 c 表示,这将在稍后讨论。温度可以通过公式 $E = kT$ 用能量表示,其中 k 是玻尔兹曼常量,T 是温度。事实证明,k 在热力学中很方便,但它并没有为物理学增加新的单位。物理学家本来可以继续用焦耳 (能量单位) 来讨论温度,而不用讨论 k,然而选择一种更方便的方法通常没有错。在某些时刻,物理学家以为他们找到了一个新的基本量,却发现它与最初的三个量有关。

那么,为什么量纲独立的量 L、T 和 M 只有三个? 我不知道这个事实有什么深入的解释;它似乎是我们宇宙固有的特征。请注意,你可以选择 L、T 和 M 的其他三个独立组合作为基本量,但是无论如何选择，总是有三个。

现代物理学的一个惊人结果是，自然界似乎选择了 L、T、M 的单位 L、T、M 作为自己的三个基本单位。事实证明，这三个单位与经典力学、电磁学/相对论和量子力学这三个领域有关。我们的意思是，每个领域都引入了自然界的一个基本单位：

(1) 牛顿引入了引力常量 G；

(2) 电磁学和相对论引入了光速 c；

(3) 量子力学引入了普朗克常量 $\hbar$。

事实证明，G、c、$\hbar$ 是量纲独立的，因此我们可以用它们来表示 L、T 和 M。让我们看看如何表示：

(1) 由 $F = Ma$ 得引力量纲 $\left[\frac{GM^2}{L^2}\right] = M\frac{L}{T^2}$，从而 $[G] = \frac{L^3}{MT^2}$；

(2) $[c] = \frac{L}{T}$；

(3) 由普朗克方程 $E = \hbar\omega$ (ω 是角频率，单位为 $1/T$)，我们得到 $[\hbar] = ET = \frac{ML^2}{T}$。

它们是量纲独立的，因为我们需要让 G 和 $\hbar$ 的幂相等才能消去 M。我们得到 $\frac{L^4}{T^3}$，它独立于 $[c]$。

现在，我们取这些新的基本单位为 L、T 和 M：

(1) $L = \sqrt{\frac{\hbar G}{c^3}}$，称为"普朗克长度"；

(2) $T = \sqrt{\frac{\hbar G}{c^5}}$，称为"普朗克时间"；

(3) $M = \sqrt{\frac{\hbar c}{G}}$，称为"普朗克质量"。

把所有这些都设为 1，可以实现我们在物理上首选的单位制。这给了我们既优雅又实用的测量标尺，称为自然单位或普朗克单位：

(1) 普朗克长度为 1.6×10^{-35} m;

(2) 普朗克时间为 5.4×10^{-44} s;

(3) 普朗克质量为 2.2×10^{-8} kg。

普朗克长度和普朗克时间是亚原子级的, 但普朗克质量相当大, 相当于约 10^{19} 个质子的质量, 尽管与我们习惯的日常尺度相比仍然很小。

可是, 稍等一下。电子的电荷 e 似乎也是基本的, 我们还没有用过它! 这意味着这四个常量中有一个不是基本常量。事实证明, e 的单位与 $\sqrt{\hbar c}$ 相同 (鼓励读者去检验)。在普朗克单位下, e 只是一个数, 我们可能会问它是大还是小。在这些自然单位下, e^2 是 $\mathrm{O}(1)$:

$$\frac{e^2}{\hbar c} \approx \frac{1}{137}.$$

该数称为精细结构常数 α。一些物理学家试图建立模型, 以便用 π、e 等基本数学常数来表示它, 但都没有成功。不过, 事实证明, α 并不像我们想象的那么基本, 因为量子电动力学告诉我们, 电子的电荷在较短距离处会变大, 而在较长距离处会变小 (如我们在第 3 章中讨论的那样)。

谜题 在一个长度为 L 的盒子中有一个质量为 m 的静止粒子, 其最小能量是多少? 在经典理论中, 它应该是零, 因为粒子是静止的。但是在量子力学中, 质量可以具有一些能量, 因为它有涨落。利用量纲分析和 E 应只依赖于 m、L 和 $\hbar$ 的事实来求该能量的量级。

解答 我们可以从自然单位中构造一个能量单位。我们知道 $[\hbar] = [ET] = \frac{ML^2}{T}$。因此，$T = \frac{ML^2}{[\hbar]}$。因为 $[E] = M\frac{L^2}{T^2}$，所以

$$E = \# \frac{\hbar^2}{mL^2}.$$

从基态能量可以求出常数 $\# = \frac{\pi^2}{2}$，又是一个 O(1) 数。在量子力学中，根据海森伯不确定性原理，受限制的粒子不可能是绝对静止的。当 $L \to 0$ 时，能量随着粒子受限制程度的增加而增加。

我们可以看到，当普朗克常量趋于零 ($\hbar \to 0$) 时，最小能量也趋于零。这与经典图像相符。通常，在此极限下再现量子力学中经典结果的这一概念称为对应原理。

黑洞

黑洞是宇宙中最神秘的对象之一。但是，我们能简单地通过量纲分析和自然性来计算它们的一些基本量吗？解决下面这个谜题，你会发现这确实是可能的。

谜题 太阳要缩小多少才能变成黑洞？我们知道这个问题的答案涉及引力，取决于黑洞的质量、引力和广义相对论 (假设它来自爱因斯坦的理论)，这意味着它可取决于 M、G 和 c。

解答 我们需要找到写出黑洞半径 R 的方法，它是由 G、M 和 c 表示的长度，即 $R(G, M, c)$。可以很容易发现，这只能通过一种方式实现：

$$R \propto \frac{GM}{c^2}.$$

147

经过大量的工作，包括解爱因斯坦方程，我们可以得到确切答案：

$$R = 2\frac{GM}{c^2}.$$

这称为施瓦氏半径。我们可以计算出，如果太阳坍缩成一个黑洞，其半径将是 $2.95\,\mathrm{km}$。

那么黑洞的熵呢？贝肯斯坦认为，它应该与黑洞视界的面积成正比。霍金由此计算出了熵的精确公式。

谜题 如果黑洞的质量为 M，请用量纲分析估计它的熵。

解答 第一步，通过将面积 A 除以长度的平方得到一个无量纲的量。我们之所以这样做，是因为熵是系统状态数的对数，它本身是无量纲的。换句话说，我们想在普朗克单位下表示面积。

$$S_{BH} \propto \frac{A}{l_{\mathrm{Planck}}{}^2} \propto \frac{G^2 M^2}{c^4}\frac{c^3}{\hbar G} = \frac{GM^2}{\hbar c}.$$

霍金计算出，比例常数应为 4π (在普朗克单位下，正好等于 A 的四分之一)：

$$S_{BH} = 4\pi\frac{GM^2}{\hbar c}.$$

对称与自然性

我们之前说过，物理学家通常对非 $O(1)$ 的数感到不适。然而，情况并非总是如此。对于一个非常小的数，如果它非常接近对称点，并且当这个数逐渐消失 (即趋于零) 时，物理系统的对称性会增强，物理学家是能够接受它的。因为非常接近对称点，我们可能会认为这么小的数是很自然的。在这种情况下，我们会说该数受对称性"保护"，我们将把它视为就在对称点上。

下面的例子可以说明这一点。假设地球是完美的球形，并且具有精确的旋转对称性。质心距球心有多远？在这种情况下，显然由于对称性，距离为零。

现在假设一个人站在地球表面，从而打破了假定的完美球形对称。设质心和球心相距 Δ，地球半径是 R。质心现在偏移一个很小的量，它跟人的质量与地球的质量之比成比例，即 ≈ 0。因此，质心和球心之间的差是微观量，可以忽略不计——因为它受到球对称性的保护。在这种情况下，Δ/R 如此之小且不是 $O(1)$ 的事实不会令我们感到惊讶。

顺便说一句，确实有人测量过地球质心和"地球中心"之间的差值 (尽管要准确定义后者的含义有些棘手)。根据他们的说法，这个差值大约为 $10\,\mathrm{cm}$，相当于 $\Delta/R \approx 10^{-8}$。这是另一个因为受近似对称性保护而使量很小的例子。

我们将在下一章探讨类似的想法。例如，物理学家经常会问，质子的质量为何如此之小，只有普朗克质量的 $1/10^{19}$？这是另一个小到不合理的数，我们将会以某种方式做出解释。

有许多候选的"基本单位"，例如质子的大小，宇宙的长度或寿命。为何不把它们作为自然界的基本单位呢？这些数之间的关系 (如果有的话) 是什么？狄拉克在 20 世纪早些时候探索了这类问题，他试图了解这些庞大的数来自何处，以及它们之间如何关联。从那时起，物理学家提出了一些新的想法，但是没有人相信我们已经有了完整的答案。

这引出了关于自然性的一个有趣观点。它是一个重要的指导原则，现在许多理论物理学家都在思考自然性及其在宇宙中的作用，同时也在尝试解释这些看似不自然的现象。

9

非自然性和大数

在上一章中，我们探讨了自然性的力量。我们说，物理学中出现的无量纲数应该是 1 阶的数。这让一切都变得更好、更简洁——并且总体上更合理。但是，这种偏见有时与事实背道而驰。物理学中会突然出现一些非常大以及非常小的无量纲数。正如我们将在本章中看到的那样，这个问题是现代物理学的一个相当重要的方面。当今物理学家面临的最大挑战之一，就是解释自然界中非常大和非常小的数字的存在性和持续性。

非自然的数

物理学中有一些无量纲的量。例如，如果 e 是电子的电荷，$\hbar$ 是普朗克常量，c 是光速，那么正如我们已经知道的，存在一个无量纲的组合，

$$\frac{e^2}{\hbar c} \approx \frac{1}{137}.$$

不幸的是，这是物理学中为数不多的具有合理量级的自然无量纲常量之一。现代理论物理学的一个主要动机是理解其他常量的"非自然

性"。例如, 普朗克质量为 10^{19} GeV。换句话说, 质子的质量采用宇宙的自然单位 (即普朗克单位) 是 $m_p/M_{\text{Planck}} = 10^{-19}$。这是一个很小的无量纲数, 在物理学中十分基础, 当然量级不会为 1!

有趣的是, 自然质量尺度大致分为三组, 总共相隔约 30 个量级, 即相差 10^{30} 倍。采用对数尺度的普朗克单位, 我们有

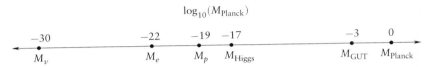

这里绘出的尺度给出了基本粒子的质量范围, 除了质量很小的中微子, 这些基本粒子大都聚集在图的中间。此外, 有一个尺度 $M_{\text{GUT}}{}^{*}$, 与我们之前讨论的普朗克尺度很接近。在这个能量级别极高或距离极其微小的条件下, 电荷将不再是一个常量, 而是能量或距离的函数。这种函数关系 (即电荷对能量或距离的依赖) 是对数形式的, 称作跑动耦合。如果我们将无量纲常量 $\frac{e^2}{\hbar c}$ (及其弱作用力和强作用力的等价量) 作为能量的函数作图, 我们会发现它们在一定的高能量下变得相等。一些理论物理模型提出, 在这种能量状态下, 这些力变得难以区分。我们说这些力被统一了。发生这种情况的能量尺度称为大统一尺度 M_{GUT}。该能量尺度接近普朗克尺度, 因此量级为 $O(1)$, 这意味着不需要非自然的微调就可以对其进行解释。

但是, 其他能量尺度跟普朗克尺度有很大的不同, 这种能级上的差异确实需要一个解释。量子场论的思想导致了这样一种预测: 质量尺度可能以指数方式相互关联——这是我们上面提到过的跑动耦合

---

*GUT 是 Grand Unified Theory (大统一理论) 的缩写。——译者注

常数的一种表现形式。特别是，与普朗克质量相比，质子质量较小的解释是：

$$M_p = M_{\mathrm{GUT}} \exp\left(-\# \frac{\hbar c}{g^2}\right),$$

其中 g 是强作用力的电荷。换句话说，由于指数可以是大数，但量级仍然为 $O(1)$，它可以导致一个巨大的质量尺度层级。同样，量子场论的观点自然地解释了，为什么电子和类似粒子的质量与我们之前讨论过的希格斯粒子的质量相差不大。一些理论还预测了，希格斯玻色子的质量是中微子质量 (M_ν) 和 GUT 质量 (M_{GUT}) 之间的几何平均值：

$$M_{\mathrm{Higgs}}^2 \approx M_\nu \cdot M_{\mathrm{GUT}}.$$

$M_{\mathrm{Higgs}} \ll M_{\mathrm{Planck}}$ 构成了当代物理学的一大谜团，称为"级列问题"（也称为"层级问题"）。当希格斯粒子在真空中运动时，它会与许多其他粒子相互作用——有些粒子会自发地产生或消失——原则上，每一次相互作用都可以对希格斯质量做出量子力学的贡献，从而使它向普朗克质量靠拢，而不是变得太小。理论家提出一种解决这一难题的可能方法，即假设存在一个额外的对称性——超对称性，来抵消由于量子效应而增加的希格斯质量。这一观点认为，自然界中每一个已知粒子都有一个尚未被发现的超对称伙伴，它们的质量贡献几乎可以完美地相互抵消。

但是，由于超对称性仍是一个未经证实的想法，因此层级问题仍非常棘手，人们再次问道：为什么

$$M_{\mathrm{Higgs}} \ll M_{\mathrm{Planck}}?$$

我们需要解释这种差异——为什么希格斯质量比普朗克尺度小

17 个量级。如前所述,由于对称性的破坏,希格斯场使粒子产生质量。因此,有人可能会认为答案就是:由于对称性原因,M_{Higgs} 的值很小。

这听起来像是个不错的解决方案,但却不被量子理论所支持。事实证明,当人们计算量子修正时,即使我们从很接近对称值的量值开始,量子涨落仍然很大,以至于它们不可避免地将能级推回到普朗克尺度。物理学家已经尝试了各种方法来控制量子涨落,到目前为止没有任何效果。超对称是迄今为止最受欢迎的潜在解决方案,但在欧洲核子中心 (CERN) 的大型强子对撞机 (LHC) 实验中,还没有直接或间接地观测到它。因此,对希格斯场和普朗克尺度所设定的质量尺度层级,目前我们还没有令人信服的解释。

阿基米德牛群问题 这是阿基米德对那些自认为掌握了数学的人提出的问题,他本人无法解决这个问题。有两种类型的牛——母牛和公牛,有四种不同的颜色:白色、黑色、花色和黄色。分别有 W、B、D、Y 头母牛和 W'、B'、D'、Y' 头公牛。它们的数量满足方程组

$$W = \left(\frac{1}{2} + \frac{1}{3}\right) B + Y, \qquad W' = \left(\frac{1}{3} + \frac{1}{4}\right)(B + B'),$$

$$B = \left(\frac{1}{4} + \frac{1}{5}\right) D + Y, \qquad B' = \left(\frac{1}{4} + \frac{1}{5}\right)(D + D'),$$

$$D = \left(\frac{1}{6} + \frac{1}{7}\right) W + Y, \qquad D' = \left(\frac{1}{6} + \frac{1}{5}\right)(Y + Y'),$$

$$Y' = \left(\frac{1}{6} + \frac{1}{7}\right)(W + W').$$

另外两个约束条件是:$W + B = k^2$ (一个完全平方数) 和 $D + Y = \frac{n(n+1)}{2}$ (一个三角数)。他提出的问题是,满足这些方程的 W、B、D、Y、W'、B'、D'、Y' 的最小值是多少?有人会天真地认为最小的数字不会太大,因为在上式中出现的数字都是 $O(1)$。

关于牛群数量可能的最小解约是 10^{206545}，这个数字十分巨大！[28] 关键是，简单的方程加上牛群数量为非负整数的约束条件，居然可以自然推导出天文数字。如此简单的问题怎么会有如此不简单的答案呢？也许物理学中也发生了类似的事情，涉及整数的自然约束以某种方式使数字变得非常大。或许，解决当代物理学中出现的层级问题，需要对数论及其在物理学中的作用有更深的理解。

日心说的出现与非自然性

从现代的观点来看，地球不是静止的这一点可能显而易见，但实际上，许多证据表明地球是静止的。特别是，除了其中的一些天体，即太阳、月亮和一些"流星"（即行星）外，相对于地球的所有天体都是静止不动的[29]。

公元前 3 世纪，生于古希腊萨摩斯岛 (Samos) 的阿里斯塔克斯提出，地球不是静止的，而是绕着太阳转动，他因此受到批判：他的模型表明，不仅地球绕着太阳转动，而且所有其他相对于地球静止的恒星也绕着太阳转动。如果它们相对于地球是静止的，而地球绕着太阳转动，那还有什么其他可能性呢?! 假设所有天体都绕着太阳转动听起来很奇怪。但是，阿里斯塔克斯认为，如果与月球、太阳和"流星"相比，这些恒星离我们远得多，那么它们相对于太阳也会显得静止不动！因此，日心说模型对恒星来说也同样简单。但是，他的理论有非自然的一

---

[28] 参见阿姆托尔 (A. Amthor) 和克伦比格尔 (B. Krumbiegel) 撰写的 "Das Problema bovinum des Archimedes"（阿基米德牛群问题），发表于 *Z. Math. Phys.* 1880 年第 25 卷。

[29] 当然，他们知道地球在绕着自己的轴旋转，因为他们注意到所有恒星在夜间都围绕北极星旋转。一旦考虑到这种旋转，几乎所有天体都是静止不动的。

面：为什么有几个天体离我们如此之近，而其他天体却几乎无限遥远，以至于在地球绕太阳转动时，我们无法探测到它们的运动？关于其他恒星到我们的距离与太阳系的距离尺度之比是如此之大的假定，成为这个模型的一个问题。这种层级结构现在可以用恒星和行星的结构形成来解释。

数论

数论中会自然地遇到大数。费马大定理 (猜想) 指出，对 $n > 2$ 的 $a^n + b^n = c^n$，没有正整数解，现已证明是正确的。[30] 莱昂哈德·欧拉在 18 世纪后期扩展了这一猜想，并提出了一个例子，即 $a^4 + b^4 + c^4 = d^4$ 没有正整数解。1988 年，诺姆·埃尔奇斯对此进行了证伪。最小的反例是：

$$(95800)^4 + (217519)^4 + (414560)^4 = (422481)^4.$$

这是自然的还是非自然的？这个问题本身似乎很自然，涉及的数字都很小。尽管如此，埃尔奇斯还是给出了理论上的论据，解释了最小的反例为何如此之大 (在上述等式两边有 20 位数字)，而且看起来并不自然。人们可以推测，物理学中的非自然数源自数论中自然的问题。

纸牌戏法　我们有一副普通的纸牌，牌面上的数字为 1 到 10 中的一个 (人头牌的牌面数字视为 1)。在 1 到 10 中随机选择一个数，比如 n_0，从纸牌中依次取出 n_0 张牌，记第 n_0 张上的牌面数字为 n_1；然后继续依次取出 n_1 张牌，记第 n_1 张上的牌面数字为 n_2；重复这个过

---

[30]定理的证明由安德鲁·怀尔斯于 1995 年发表，距费马提出猜想约 350 年。

156

程，直到这副牌被取完。戏法的目的是在所有牌被取完之前，我们就能识别出按照上述流程抽取的最后一张牌的牌面数字，记为 n_f。

如果你用不同的初始数字 n_0 来玩这个游戏，你会发现最后所有数字都将有相同序列，最后会得到相同的答案 n_f！如果你没有说出你所做的选择，表演者仍然可以挑出你将得到的最后一张牌 n_f。这给人一种错觉，好像表演者幸运地猜对了答案，而实际上，她所做的只是为 n_1 选择了自己的初始选项。这种巧合来自这样一个事实，即一旦两个人在某个时刻抽到同一张牌 n_i，他们会对最后一张牌是什么达成一致。两个选择序列在某个时候趋同的可能性很高。人头牌记为 1 也很有帮助！按照规则玩到最后，游戏注定会趋同。只要在此过程中的某个时刻抽到同一个数字，答案都会是相同的。但是，如果不掌握内在机制，最后的结果就会显得不自然。

我们在物理学中遇到的看似不自然和奇怪的数字，会不会是由这种过程产生的？

宇宙的组成

还有一个常量需要提一下：宇宙常量 Λ，它的单位是质量的四次方。我们稍后会看到，$\Lambda^{1/4}$ 的尺度与中微子的质量 M_ν 大致相同；这个量非常小，需要解释一下。我们将在本章后面讨论这个问题。Λ 与所谓的"暗能量"有关，后者是真空的能量，与宇宙常数 Λ 有关。这是因为暗能量导致宇宙加速膨胀。几十年前，物理学上一个令人惊讶的重要发现是，通过测量宇宙的加速膨胀，我们知道了宇宙中能量的组成被这种神秘的能量形式所支配。弄清楚这种暗能量的来源是当今所有物理学中最大的谜题之一。现今宇宙中的能量组成如下：

宇宙中的能量	
5%	物质
25%	暗物质
70%	暗能量

这 5% 的物质就是构成我们的全部物质。我们无法直接看到其他 95% 的物质, 因为它们不与光相互作用, 这意味着我们看不到大部分宇宙。除了暗能量, 我们还知道暗物质一定存在, 因为它的引力效应已被观测到。它之所以冠以 "暗" 字, 是因为它与光没有太多的相互作用, 并且它与构成我们的物质有根本的不同。

时空的几何

爱因斯坦的理论认为, 宇宙的几何形状 (特别是时空) 不应被视为固定和刚性的, 而是可以根据物质的分布方式而改变。时空的几何形状由度规 $g_{\mu\nu}$ 决定, 它提供了一种测量空间内距离的方法。物质的分布反过来会影响并改变度规。在质量高度集中的点附近, 度规会有较高的曲率, 空间也会更加弯曲。

粒子沿着测地线 (两点之间的最短路径) 运动——即使在弯曲空间中也是如此。爱因斯坦广义相对论的一个关键贡献是引入了他的场方程[31]

$$G_{\mu\nu} + \Lambda g_{\mu\nu} \sim T_{\mu\nu},$$

---

[31]对这一理论的初期检验, 有一次在 1919 年 5 月进行。由英国天文学家亚瑟·爱丁顿 (Arthur Eddington) 领导的研究小组, 证实了爱因斯坦关于太阳引力使星光偏向的预测, 他同时监督了两个小组的工作, 他们各自在巴西北部的索布拉尔 (Sobral) 和西非岛屿普林西比 (Príncipe) 进行考察, 负责拍摄日食。

其中 $G_{\mu\nu}$ 是爱因斯坦张量 (基本上描述了时空的曲率)，$T_{\mu\nu}$ 是能量 – 动量密度，$g_{\mu\nu}$ 是前面提到的度规，Λ 是 "宇宙常量"。最初，Λ 这个因子不在方程中，它的缺失意味着宇宙正在膨胀或收缩。因此，爱因斯坦手动加入这个因子，以求得宇宙为静态时方程的解，其值为 $\Lambda = 4\pi\rho$，因为他假设 (事实上没有基于正确的经验证据) 宇宙必须是静态的。他还选择了弯曲的空间——通过宇宙常量与膨胀或收缩完美平衡。

在普朗克单位中，爱因斯坦发现的 Λ 是一个非常小的数字，约为 10^{-120} 量级，但爱因斯坦还是选择它来获得一个静态宇宙。有趣的是，这个使宇宙保持静态的解决方案相当不稳定：如果 Λ 只是变小或变大一点，爱因斯坦的解决方案就会膨胀或收缩。乔治·勒迈特牧师也是一位数学物理学家，他在 20 世纪 20 年代提出了一个不同的模型，在这个模型中，宇宙从一个原始原子开始膨胀。爱因斯坦否定了这一理论！在 20 世纪 20 年代和 30 年代后期，亚历山大·弗里德曼、霍华德·珀西·罗伯逊和阿瑟·杰弗里·沃克为膨胀的宇宙建立了一个精确的模型。关于宇宙最初几分之一秒的事实至今仍在争论中，但是我们相信勒迈特、弗里德曼、罗伯逊和沃克提出的总体图景——著名的大爆炸理论——是正确的。

后来，业余天文学家哈勃通过观察来自遥远星系的光信号发生红移来测量宇宙的膨胀，这与膨胀的宇宙一致。因而爱因斯坦回过头来，从他的方程中删除了宇宙常量，因为这自然会导致宇宙在膨胀的预测。他把原始方程中包含的宇宙常量称为 "我科学生涯中最大的错误"。如果爱因斯坦对自己方程的原始形式更有信心的话，他本可以预测到宇宙的膨胀。

多年后，直至 20 世纪 80 年代末，物理学家仍在自问：为什么 $\Lambda = 0$？问题在于，根据他们的计算，量子涨落将迫使一个量级为 $\Lambda \sim M_{\text{Planck}}^4$ 的巨大修正。换句话说，在普朗克单位中，$\Lambda = O(1)$ 而不是 0。

尽管量子涨落似乎会得出不同答案，物理学家仍花了很多年时间试图解释为什么 $\Lambda = 0$（这是被普遍接受的值）。最受欢迎的解释是超对称性，它为层级问题提供了潜在的解决方案，但是人们仍然不能完全用该理论来证明 $\Lambda = 0$。物理学家试图使用超对称性、超重力和弦理论，但还是没有任何办法将 Λ 减小到正好为 0。

转瞬间，时间来到 20 世纪 80 年代末。我当时在哈佛大学听史蒂文·温伯格 (Steven Weinberg) 关于宇宙常量的演讲。他回忆说，一些物理学家曾用 "人择原理" 为 $\Lambda = 0$ 辩护。他们的论点是，我们的存在与普朗克单位下的 $\Lambda = O(1)$ 不相容，因为宇宙的寿命只有普朗克时间量级那么长，即 10^{-43} s，我们将根本没有机会问关于宇宙常量的问题。温伯格指出，这种观点的批评者认为该论点是不科学的，因为它是事后推断，发生在事实之后，因此不能用来预测任何事情。但是，温伯格认为，如果我们能够正确解释，该方法可能会得出科学的预测：他说，只有存在许多可能的宇宙，并且每个宇宙都有不同的 Λ 值时，人择原理才能起作用。具有大、中、小 Λ 值的宇宙无法维持生命，只有 Λ 极小或为零的宇宙才可以。现在我们可以使用条件概率：我们感兴趣的 Λ 值必须来自那些可以维持生命的宇宙。假设我们的存在是一个前提，那么宇宙常量最可能的值是多少呢？

我们的想法是，Λ 的值只需要保障我们的存在，无须进行更多的微调。这意味着 Λ 不必精确为 0，但它必须具有适合维持生命的一般值。基于此，温伯格估计 $\Lambda \sim \#\rho \sim 10^{-120} M_{\mathrm{Planck}}^4$，他认为，这应该很快就可以观察到，因为这跟他做演讲时的实验范围很接近。果然不到十年，人们在对遥远的超新星爆炸的天文观测中发现了宇宙常量——其值与温伯格基于人择原理所预测的相差不远！(具有讽刺意味的是，这个测量值接近爱因斯坦最初的预测，但该预测却是基于一个错误假设：宇宙是静态的。删除宇宙常量是他犯的第二个错误，因为他不知道这一项的值和他最初放到方程中的值非常接近!) [32]。仍有许多物理学家对人择原理不太满意。它偏离了物理学中的其他定律，但在某种程度上确实遵循了科学方法论。

其他问题

为什么今天的宇宙常量和物质密度具有相同的量级 $\Lambda \sim \#\rho$？鉴于 $\Lambda \sim \#\rho$，ρ 在宇宙膨胀中随时间变化，而 Λ 作为自然界的常量不应改变，这是一个奇怪的巧合。这意味着 Λ 和 ρ 之间的粗略等价仅在我们现在生活的时代是正确的——这是一个令人困惑的情形，称为"巧合问题"。它暗示着我们正处于宇宙历史上的一个特殊时期——许多物理学家对此感到不安。

同样令人十分好奇的是，为什么 $\Lambda \sim M_\nu^4 \sim \rho$ 会在今天出现。显然，这些棘手的问题可能与我们尚未完全理解的层级问题有关。许多理论物理学家正忙于构造模型，希望能够解释这些巧合。

---

[32] 为了应用人择原理的观点，温伯格需要假设存在许多可能的宇宙。弦理论学家已经发展出支持多种宇宙解决方案的理论，这些理论与该原理是一致的。每一个解都代表一个可能的宇宙。当然，这也带来了令人头痛的问题，因为我们尚未找到能让我们选择代表人类所生存的宇宙的解的原理。

距离尺度

到目前为止，我们关注的是质量尺度，但距离尺度也值得讨论。最小尺度是普朗克尺度，然后是质子尺度、太阳半径，最大尺度是观测到的宇宙半径。

顺便说一句，我们应该注意质量和长度是相关的。对于每一个质量 m，根据 $R = \frac{\hbar}{mc}$，我们得到一个长度尺度 R。在普朗克单位中（其中 $\hbar = c$），我们有 $R = 1/m$。因此，质子半径 R_p 约为普朗克长度的 10^{20} 倍，这一事实与质子质量为普朗克质量的 10^{-20} 有关。

而且，我们可以用第一原理解释为什么在普朗克单位下，$R_{太阳} \sim \frac{1}{m_p m_e} \sim R_p^2 \sim 10^{40}$ *。质子和电子的质量彼此相距不太远的事实，解释了为什么与太阳半径相关的距离尺度为 R_p^2。但是，现在的宇宙半径约为 R_p^3 这一事实尚无明确的解释。

时间尺度

还有一个与自然单位相关的时间尺度，它与已经讨论过的其他尺度有关。最小尺度是普朗克时间，即 $10^{-43}\,\mathrm{s}$，观测到的最大尺度是宇宙的年龄，按普朗克单位，约为 10^{62}。(请注意，这与光速在自然单位中为 1，以及宇宙的大小为 10^{62} 的事实是一致的，理由很明显，距离等于速度乘以时间。)

有人可能会问，是否有最大的时间尺度。我们不知道。但是，基于

---

*$R_{太阳}$ 是太阳的半径，m_p 和 m_e 分别为质子和电子的质量，R_p 为质子的半径。——译者注

162

弦理论的模型,如果超对称性被自发破坏,我们还没有看到宇宙永久稳定的例子。根据迄今为止所做的实验,我们不得不得出结论,超对称性没有实现,最好的情况是被自发破坏。因此,据我们所知,宇宙将衰变。不幸的是,这意味着我们当前的宇宙存在一个最长时间。我们不知道这将持续多久,但我们预测整个不稳定的宇宙最终将衰变为一个更稳定的宇宙:也许新宇宙中的物质气泡将以光速膨胀和移动。随着时间的流逝,它将超越并改变整个可观测宇宙。

非常遗憾,我要向那些喜欢现状的人报告,这个故事似乎没有一个更美好的结局。尽管有些读者可能会感到安慰,因为我们当前的宇宙正是从过去的这种转变中出现的。未来很可能还会有更多的转变。

$$\log_{10}(t_{\text{Planck}})$$

0 ────────────────────────── 43 ─── 50 ──────── 62 ──────→

$t_{\text{Planck}} = 10^{-43}\text{s}$ $\qquad\qquad$ $t_{\text{一秒}}$ $\quad$ $t_{\text{一年}}$ $\qquad$ $t_{\text{宇宙}}$

实际上,宇宙常量给出的理论时间尺度约为 $1/\sqrt{\Lambda} \sim 1000$ 亿年,可以想象 (最近有一些理论观点提出),这可能为我们宇宙的寿命设定了上限。宇宙现在已有 140 亿年的历史,这可能表明我们正处于宇宙生命周期的青少年阶段! 换句话说,如果宇宙负责任地运行的话,它仍然有很多美好的时光——甚至可能是黄金岁月——值得期待!

163

10

宗教与科学

科学与宗教之间的相互影响由来已久，如果说这种关系有时很紧张，那就太轻描淡写了。例如，在 1600 年，意大利哲学家、宇宙学家和前天主教神父乔丹诺·布鲁诺被处以火刑，罪名是拥护异端观点，其中包括宇宙是无限的、并且包含无穷多个世界的观点。1633 年，伽利略因为宣称地球绕太阳转动，而被罗马天主教会谴责。判决通过时，伽利略已经 69 岁，如果不声称放弃自己的科学发现，他也许会遭遇和布鲁诺相似的命运。伽利略选择了妥协，从而避免了酷刑、监禁甚至可能的处决，但他还是被软禁了数年，直至 1642 年去世。

显然，科学与宗教之间的互动并不总是和谐的，即使在今天，紧张和冲突的迹象仍然非常明显。然而，也许有人会说，宗教是科学的最初形式，它致力于理解我们所生活的世界，并解释事物为何如此。大多数（如果不是全部的话）宗教都试图说明有关客观宇宙的某些东西。此外，尽管"方法论"（在这个词适用的范围内）完全不同，科学和宗教都建立在观察的基础上。当观点发生冲突时会发生什么？我在此讨论的目的不是对两者之间的关系做出任何结论性的陈述，而是回顾一些科学

165

家过去对这种关系的看法，并不提供我的个人观点。并且，我将一如既往地尝试在谜题的背景下进行讨论！

基本问题

有一些基本的数学和逻辑谜题与通常对上帝的描述有关。例如，人们经常说上帝能做任何事情或创造任何事物。

如果是这样，上帝能创造出自己都无法搬动的石头吗？一些不相信上帝的人试图用这种观点来排除上帝的存在。然而，这仅仅是一个逻辑游戏。就像在一张纸的两面各写下相互矛盾的陈述：一面写着"这张纸另一面的句子是错误的"；而另一面写着"这张纸另一面的句子是正确的"。在这种相反陈述同时存在的前提下，人们无法认定它们的对错。换句话说，我们不能认定每一个论断非对即错。这也可看作对上帝是否存在的讨论而引起的逻辑困惑的解答。这使我想起了下面的谜题。

谜题 在两个单独牢房里各有一名囚犯。规定他们每人各自掷一枚硬币，同时必须猜测另一个人所掷的结果是正面还是反面。如果有一个人猜对了，两人都会被释放。否则，他们都将继续关在监狱里。在被带回各自牢房掷硬币之前，他们可以简单讨论一个策略。能不能找到一种"取胜"策略，可以让他们获得自由？

解答 乍一看，他们的命运似乎完全取决于运气。但是，确实存在一种可以确保他们自由的简单策略。其中一人应该预测对方得到和他一样的掷硬币结果。而另一个人应该预测相反的情况。很容易确认这是一个成功的方法，即使最初以为找到成功策略的可能性不大。

方法论　你可能会认为数学和宗教是完全对立的，没有任何共同之处，但事实并非完全如此。数学和宗教都始于一些不能被完全证实的公理和定义。即使数学是建立在逻辑基础上的，数学家也必须从某个地方开始，他们不能证明（也不试图证明）数学所依据的所有原始公理。实际上，由于哥德尔的不完备性定理，公理不仅不能被证明，它们甚至是不完备的。

在科学上，我们并不想寻找绝对的、无懈可击的真理，而只是建立当时可以建立的最佳真理——我们充分了解所有发现都需要修正和完善。即使在科学上已经取得了长足进步、并阐明了牢固的物理原理的今天，我仍然不相信我们可以发现绝对的真理。特别是，我很难相信目前公认的任何物理原理是完全正确的。当然，许多原理似乎都走在正确的道路上，但这并不等于说它们都是完全正确的。

科学相对于宗教

在很多科学家看来，宗教并没有参与有关可观察的真实世界本质的讨论，而是更适合探讨道德和精神问题。他们指出，科学基于可被证明、可以检验的观察，而宗教则基于无法完全核审的信仰！但是，我们可以提供一些与上述看法相反的观点，因为科学不能真正推翻宗教主张。例如，一种宗教有时因断言世界是几千年前被创造的而被嘲笑。科学家说我们有化石记录"证伪"了这一点。但是，如果你仔细考虑一下，就不能绝对肯定地反驳这一观点。

宇宙是何时产生的？　伯特兰·罗素指出，你甚至无法证明宇宙不是在五分钟之前被创造的。宇宙可能在你读到此行的五分钟之前刚刚开始。你所有的记忆都可能在那一刻启动，包括所有让你感觉活了更

167

久的记忆。同样，所有似乎记录了时间流逝的化石记录都可能是在五分钟前被放置的！

为什么科学家会对接受这种观点犹豫不决呢？首先，它没有做出任何预测。预测使结论更加有力。我们往往对具有预测性内容的结论评价更高，也赋予更多信任，但它不属于这种情况。此外，我们有理由相信，这种情况不太可能发生。有关化石历史和数十亿人记忆的所有信息都必须被精确调整，这样它们之间才不会有矛盾。当然，原则上这是可能的。但科学更重视不需要调整的理论，最简单的解释总是获胜！这被称为奥卡姆剃刀 (Occam's razor) 原理。在科学上，我们拥抱自然！

科学与宗教

有些人认为宗教会干扰科学实践。最突出的例子可能是伽利略，他因自己的观点而受到教会迫害，并被要求公开驳斥这些观点。但是，科学与宗教之间存在固有冲突的说法并不一定正确；和平共处是可能的。以艾萨克·牛顿为例，他是一位热心的宗教学者。他的大部分著作都是关于基督教而不是科学的！实际上，他对自然的研究兴趣是被其宗教观点所激发的！他认为自己是在陈述上帝的律法，而不是制造同上帝的概念的矛盾。他希望这样做，可以帮助人们认识到美丽的物理定律出自上帝的赠予，从而更自然地接受宗教。

这并不是说牛顿接受了关于宗教制度的一切。例如，他不相信三位一体。当然他对宗教有自己的理解。有趣的是，牛顿相信上帝能够并且确实干预了现实世界。当发现某些天体的运动不符合其方程的预期时，牛顿将其归因于上帝的干预，这将允许他的物理定律有例外！与现代科学观点相比，牛顿在这方面显得有些极端。然而，他确实是有史以来最伟大的科学家之一，他的宗教信仰并没有阻止他编纂了一部令人惊叹的著作，在 350 多年后的今天，它仍然非常有意义。今天我们知道，天体轨道看上去偏离了牛顿的预测，不是因为他的定律存在例外，而是因为他没有考虑到附近其他天体的引力，而这些天体在当时用望远镜也很难看到。

尽管一些当代科学家认为科学和宗教应该分开，以最大限度地减少冲突或干扰，但它们的领域可能不能完全分开。科学与宗教可能重叠的一个领域涉及我们对上帝长相的看法。这曾经是一门完全限于宗教领域的课题，但鉴于抽象物理学最近的发展，科学家可能会尝试想象上帝如何存在于我们自己的时空之外，也许上帝在更高维度的多元宇宙中发挥着作用。借助现代数学和理论物理学，人们可能会尝试通过走出宇宙来构建一幅一致的上帝画像。如何验证这一理论是另外一个问题，但这一实践可能代表了牛顿尝试理解自然和上帝在其中所扮演角色的现代版本。

宇宙的起源

也许，科学与宗教之间最一致的部分是关于宇宙的起源。几乎每一种宗教都以"上帝创造了宇宙"的说法开始。你可能会认为这与科学直接对立，但不一定如此。科学家经常对初始条件做一些假设。在这种情况下，上帝可能是设定初始条件的一部分，而理论的预测可能在创世后接管！

回想一下爱因斯坦引入宇宙常量，以防止他的方程描述膨胀的宇宙。有一位乔治·勒迈特牧师不同意这种说法。正如我们已经提到的，勒迈特赞成原始原子的观点，并认为宇宙应该是从这个原始原子开始膨胀的。此外，他还试图用爱因斯坦的理论来证明这种效应。据说爱因斯坦的回答是："你的数学很好，但是你的物理太糟糕了。"也许这种批评是正确的。然而，在爱因斯坦看来，宇宙没有起源；它是永恒的。在这个故事的某些版本中，爱因斯坦似乎在指责勒迈特试图支持基督教的神创论神话，并且有些批评过头了。

我们现在相信宇宙大爆炸 (Big Bang) 是存在的，所以从这个意义上说，牧师比爱因斯坦更正确！我们应该如何看待这一点？也许这只是纯粹的运气，勒迈特在成千上万次的猜测中猜中了一次。另一方面，它表明强烈的宗教观点不一定与科学相矛盾。科学家们经常问一些受宗教观点影响的问题。即使一个人对纯科学感兴趣，或许为了科学的缘故，我们也不应试图完全消除宗教——在对话中禁止它——因为它可能是灵感的来源。宗教发挥有益作用的另一个例子涉及一千多年前伊斯兰文明鼎盛时期科学的崛起，这可以归因于当时的许多科学家都受到伊斯兰教义和《古兰经》的启发。

一个密切相关的话题是哲学在科学中的作用。今天，美国文化的实用主义对科学产生了很大的影响。如今，科学家很少谈论哲学，实际上，他们中的许多人倾向于看不起哲学。这可能源于美国的实用主义。如果回顾一下爱因斯坦、海森伯和其他早期实践者对量子力学的讨论，你会发现其中的大部分讨论都是哲学性质的。在今天的顶尖物理学家中，很少出现这种情况。但是，如果你深入观察，你会发现大多数科学家都会受到哲学原理的影响，无论他们承认与否。许多科学家也许在不知不觉中成了业余哲学家！对一些科学家来说，哲学原理可以 (也确实) 取代宗教观点。

爱因斯坦与宗教

让我们谈谈爱因斯坦以及他如何看待宗教。简而言之，爱因斯坦对传统宗教持高度批评的态度。他在一封信中写道："对我而言，'上帝'这个词不过是人类软弱的表达和产物，《圣经》是一部可敬的、仍然原始的传说的作品集，但这些传说是相当幼稚的。无论多么精妙的解释(对我来说) 都无法改变这一点。"

还有另一个故事：一天晚上，爱因斯坦和他的妻子正在一次晚宴上，一位客人表达了对占星术的信仰。爱因斯坦嘲笑这纯粹是迷信。另一位客人也开始参与讨论且观点更进一步，他把宗教说成是迷信。晚宴的主人插嘴说，就连爱因斯坦也笃信宗教。作为回应，爱因斯坦说，他相信自然法则中的那些微妙而神圣的结构。他申明，这就是他的宗教信仰。

爱因斯坦在 1936 年写给一名六年级学生的回信中说得更多，这名学生问他科学家是否祈祷，如果祈祷，他们祈祷什么。爱因斯坦回答说："科学研究是基于如下思想的，即发生的一切都是由自然法则决定的。"但爱因斯坦也承认，"我们对这些法规的实际了解只是零碎和不完善的"，并补充说，"相信自然界存在基本的、包罗万象的法则也基于某种信念，迄今为止，科学研究的成功在很大程度上证明了这种信念的合理性。但是，另一方面，每个认真从事科学研究的人都相信，在宇宙定律中，有一种精神得以体现——这是一种远超人类的精神，在这种精神面前，我们这些力量单薄的人必须感到谦卑。这样的话，对科学的追求就会产生一种特殊的宗教情感，这种情感与那些更无知的人的宗教信仰确实是截然不同的"。

171

事实上，爱因斯坦看待科学的态度带有宗教倾向。要更清楚地了解这一点，我们只需回想一下爱因斯坦对量子力学的看法，以及他通过向玻尔宣称"上帝不会掷骰子!"来反对量子力学的随机性。

费曼与宗教

费曼对宗教的看法倾向于不可知论。例如，他认为，既然我们生活在拥有大量星系和行星之浩瀚宇宙的这个叫地球的小星球上，为什么上帝只派他的先知到我们的星球，而忽略了所有其他星球? 而在主流宗教中，我们没有听说其他星球、其他生物和其他先知被派往那里，这对他来说很难理解!

费曼对物理学的看法也有些反传统。尽管许多科学家相信，科学会教给我们一些关于宇宙本质的深层认知，但费曼更关注具体的问题。与大多数同侪的态度相反，费曼把关于宇宙深层本质的发现视为副产品，而绝不是他的主要目标。这与其他研究者的普遍态度形成鲜明对比。从某种程度上，许多科学家可能正在 (也许是无意中) 尝试用科学代替宗教，作为理解宇宙的范式。

但是，应该强调的是，费曼并没有彻底摒弃宗教。相反，他承认自己对科学与宗教之间的关系一直有兴趣。费曼在 1956 年的一次演讲中说:"许多科学家确实以一种完全一致的方式相信科学和上帝。但是，尽管这种一致性是可能的，但并不容易保持。" 他说，试图将科学与宗教结合在一起的困难来源之一是:"在科学中，怀疑是必要的;把不确定性作为你内在本质的基础部分对科学进步来说绝对是必要的……没有任何事物是确定或确凿无疑的。你出于好奇而调查，是因为它是未知的，并非因为你知道答案。" 他还说，当你深入调查时，"并不是你发现了真相，而是你发现不同结果的或多或少的可能性"。

按照费曼的说法，当这种态度应用于诸如上帝是否存在的问题上时，科学家将无法获得"某些宗教人士所拥有的绝对确定性"。一旦认为上帝存在的问题不再绝对，有关宗教教义其他方面的质疑就会被提出。这就是费曼觉得很难同时投入科学和宗教的原因之一，他选择了科学，同时也接受了他的选择所带来的质疑。

霍金与宗教

现代的观点是，我们已经将科学前沿推进到前所未有的程度。通过某种方式，我们对宇宙开端有了精确预测，它大概是由大约 138 亿年前发生的大爆炸引发的。斯蒂芬·霍金将大爆炸描述为引力定律的结果，不需要任何神灵的帮助。但在原始爆炸之前发生了什么？物理学对此有什么解释？

有些科学家是实用主义者，他们说，既然这个问题不能作为实验或应用的课题，我们就该忽略它。其他科学家则试图认真考虑这个问题，霍金是其中的佼佼者。他提出了一个问题：宇宙可否在没有任何干预的情况下从无到有？事实证明，在量子引力的背景下，存在一种数学形式，为这一说法赋予了意义。霍金与詹姆斯·哈特尔 (James Hartle) 一起绘制了宇宙的量子描述 (或波函数)，其中包括一个路径积分，它总结了所有可能的过去的历史，这些历史可能导致宇宙从无到有，直到现今的状态！这一分析结果和其他研究这一问题的物理学家的分析结果共同指出，可以想象，这个绚丽的宇宙——我们所知的唯一家园——实际上可能是从虚无中产生！

谜题 一笔画问题：不提起铅笔，画四条穿过下图中 3×3 所有网格点的直线。

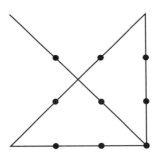

解答 如果你局限在点阵范围里，这是不可能做到的。关键是要"跳出框框"。这在某种程度上使人联想到宗教讨论，其中说，我们必须超越或走出我们的世界，才能看到答案——这通常归结为上帝的力量。(尽管在本题中，你真正需要的只是一支锐利的 2 号铅笔，也许还需要一个稍微敏锐的头脑。)

如果点足够大 (也许有沙滩球那么大，不过这只是个玩笑)，我们甚至可以用三条直线来做到这一点！

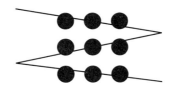

谜题 房子的主人命令园丁种 5 行树，每行 4 棵，可是树只有 10 棵。园丁该怎么办？

解答 把树种成五角星形！

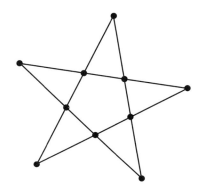

帕斯卡与宗教

有些人对宗教的态度是：相信宗教的原因之一是它可能是真的，如果它是真的，你相信总要比不信好。法国数学家和哲学家布莱兹·帕斯卡用他著名的赌注证明了这一做法的合理性，这个赌注发表于 1670 年出版的他的《思想录》(*Thoughts* 或 *Pensées*) 一书中，此时帕斯卡已经去世八年。帕斯卡应用的逻辑被认为是概率论和决策论的里程碑。他的论点大致如下：如果上帝存在，而你不相信他，那么你将被判入永恒的地狱。如果上帝不存在，而你相信他，那么你不会从这种信仰中得到任何不好的结果。因此，最好还是相信上帝，以防他真的存在。因此，即使你相信上帝存在的概率只有万分之一 (或 0.0001)，但相信的预期回报也会远远胜出：

	相信	不信	概率
上帝存在	∞	$-\infty$	0.0001
上帝不存在	$-\epsilon$	ϵ	0.9999
期望值	∞	$-\infty$	

类似的逻辑可以在尼尔斯·玻尔的故事中找到，他是量子理论和原子结构领域的先驱。据说玻尔的叔叔曾经在屋后放了一个马蹄铁，以驱走邪灵。有人问他为什么要这么做。"你肯定不会相信这种迷信的东西吧？"他被问道。玻尔的叔叔回答说："不，当然不信。但是他们说，即使你不相信，它也会奏效！"

因果关系与上帝

因果关系的观点可以解释为什么有人相信上帝。一个古老的神学论点认为，因为一切皆有因有理，它会引出一个链条，而链条的起点——或者说推理如此——一定是上帝。标准的反驳问题是：谁创造了上帝？通常的回应是：上帝是唯一不需要创造者就能存在的实体。但接下来的批判是：如果存在不需要创造者的事物，那为什么不能是整个宇宙呢？

讨论表明，我们的行为和信仰并不完全由因果关系或其他理性建构所决定。我们是人类，在最深层次上，我们并不严格按照逻辑行事。我们情绪化、凭直觉、有时靠灵感、有时会犯错。当然，科学家不能也不应尝试脱离人的本性。我们相信科学不仅仅是实用主义。尽管我们自身存在局限性，尽管我们所居住的世界存在内在的不确定性，我们中的一些人仍然有追求某种绝对真理——或者尽可能绝对的真理——的动力。这样一种崇高、在某种程度上不切实际的目标，既非理性，也非合理。实际上，它有点类似于一种宗教信仰。

谜题　考虑一个长为 a、宽为 b 的矩形，用更小的矩形对其进行平铺，每个小矩形都具有整数宽度或整数高度，这意味着宽或高至少有一个是整数 (参见图 79)。至于高和宽谁是整数，不同小矩形间可能会有所不同。证明较大的矩形具有相同的性质。

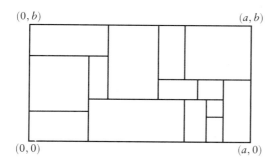

图 79　由高或宽为整数的小矩形组成的大矩形具有相同的性质。

这个谜题证明了，惊人的全局属性可以从看似随机的局部结构中获得。因此，在这种情况下，不需要 "上帝" 或其他全知全能者来手工安排全局结构，因为它自然地产生于局部属性。

解答　将大矩形的一个顶点放在原点处，则其他顶点为 $(a, 0)$、$(0, b)$ 和 (a, b)。一种优雅的解决方案是考虑在矩形上对 $\sin(2\pi x + \phi)\sin(2\pi y + \theta)$ 进行积分，其中 θ 和 ϕ 为任意角度：

$$\int_0^b \int_0^a \sin(2\pi x + \phi)\sin(2\pi y + \theta)\mathrm{d}x\mathrm{d}y$$
$$= \frac{1}{4\pi^2}(\cos(2\pi a + \phi) - \cos\phi)(\cos(2\pi b + \theta) - \cos\theta).$$

对每个小矩形，积分为零，因为它是两个因子的乘积，而其中至少有一个因子为零 (因为 a 或 b 为整数)。因此，整个矩形上的积分为零，这只有在至少一条边的长度为整数时才有可能。(鉴于余弦函数是周期函数，不受 2π 整数倍的影响，如果 a 和 b 为整数，则等式右侧两项均为零，积分也为零。)

这个问题也可以通过奇偶 (即 mod 2) 论证来解决。用 R 表示矩形，$p(x,y)$ 是整数点 (即 x 和 y 是整数)，也是矩形 R 的一个顶点，令 N 是所有 (R,p) 的数量。对于细分中的每个矩形 R，其整数顶点 (即本身是整数点的顶点) 的个数是偶数 (因为至少一条边是整数)，因此每个矩形 R 对 N 的贡献是偶数。因此，N 一定是偶数。

计算 N 的另一种方法是，对每个点 p，问有多少个矩形以它作为顶点，然后求和得到 N。对每个点 p，除了大矩形的四个角外，以它为顶点的矩形数是偶数 (见图80)。由于总数 N 是偶数，大矩形中有偶数个角是整数。由于我们将大矩形的一个角放在原点 (具有整数坐标)，因此至少还有一个整数角。

图 80 计算以 p 为顶点的矩形个数。除了大矩形的顶点外，其余的数都是偶数。

这个谜题还可以推广到 3 维 (和更高维度) 中，其中长、宽或高为整数。

11

对偶

　　对偶在物理和数学中都变得越来越重要，它提供了一种很好的方式，可以把迄今为止我们涉及的许多论题联系在一起。如今，在数学和物理中很常见的一种情形是，人们试图回答一个复杂问题，而这个问题在某种程度上与一个更简单的问题是等价或"对偶"的。更简单问题的答案几乎可以使复杂问题变得微不足道，表明它远没有最初想象的那么困难。好的谜题也是如此。有时，要解决谜题，只需要改变一下视角，关键在于知道如何、以何种方式进行转换。因此，从这个意义上讲，寻求对偶的观念似乎在我们心中根深蒂固，因为我们自然地会去寻找最简单的解决问题的方法。

　　例如，多年来，我们了解到，五个不同版本的弦理论在数学上相互等价；10 维弦理论是 11 维 M-理论 (关于膜的引力理论) 的对偶；弦理论与某些低维量子场论也是对偶的。选择哪个版本取决于所研究的问题。

再举一个例子，AdS/CFT 对应[33]是控制某个时空区域的引力理论与同一区域边界上的无引力量子场论之间的对偶。这种对应关系在 20 多年前被发现，不断产生新的见解，并带来很多惊喜。"人们一直在寻找新的对偶。"物理学家爱德华·威滕 (Edward Witten) 说，"对偶很有趣，因为它们经常能回答那些在其他情况下无法解决的问题。例如，你可能花费了数年时间研究一个量子理论，知道了当量子效应较小时会发生什么。但是，教科书并没有告诉你，如果量子效应很大的话该怎么办；如果想知道这个，你通常会遇到麻烦。对偶则经常能回答这样的问题。它们为你提供了另一种描述，在一种描述中可以回答的问题与在另一种描述中可以回答的问题会有所不同。"

在某种意义上，对偶代表着对称性以及高度"非平凡等价性"，后者指的是那些看起来并非显然正确的事物。对偶最近使我们能够解决数学和物理中极为复杂的问题。奇怪的是，我们不知道为什么许多这样的对偶都是正确的。它们是解决谜题的人所梦寐以求的，但它们本身也是个谜。当解决谜题时，我们通常会对如何得出答案有所了解。但是，当我们依靠对偶来解决难题时，我们通常不理解它是如何工作的。这可能是一个很棒的技巧，但我们无法对其进行解释的事实也是相当尴尬和令人沮丧的!

两个数学的例子

假设我们在一个不错的 D 维空间中，考虑维度为 $\ell = 0, \cdots, D$ 的对象 A_ℓ。A_ℓ 的对偶为 $B_{\tilde{\ell}}$，其中 $\tilde{\ell} = D - \ell$。换一种说法，对偶将维度

---

[33]最初由胡安·马尔达西那提出，继而由许多物理学家进一步发展。

为 ℓ 的对象转换为维度为 $\tilde{\ell}$ 的对象。例如,对于 $D = 2$,一个 0 维对象 (一个点) 转换为一个 2 维对象 (例如一个三角形),反之亦然,线与线对偶,如下图所示。这是 "庞加莱" 对偶的一种表现形式。

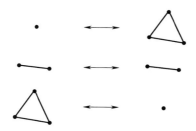

在图 81 的 2 维例子中,我们把点换成面,线换成线。每个关于三角剖分的陈述就有了对偶类比,如下所示。

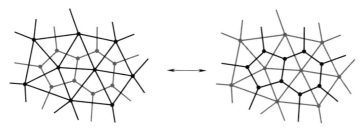

图 81　庞加莱对偶的一个 2 维的例子。

现在来看另一个数学对偶的例子,假设我们要求解微分方程

$$\sum_{n=0}^{N} a_n \frac{\mathrm{d}^n f}{\mathrm{d}x^n}(x) = 0.$$

这看起来非常复杂,但假设我们采用 $f(x) = e^{px}$ 形式的函数,则 $\frac{\mathrm{d}}{\mathrm{d}x}$ 运算变成乘以 p,微分方程变为

$$\sum_{n=0}^{N} a_n p^n = 0.$$

因此,我们把一个看起来很可怕的微分方程转化成一个多项式方程。

这很有用,因为通常来说,多项式方程比微分方程更容易求解。我们进行的变换是傅里叶变换的一个简单示例。在傅里叶变换中,我们将函数 $f(x)$ 写为复指数的和 (或积分): $f(x) = \sum c_\alpha e^{i\alpha x}$。傅里叶变换不是函数的近似,而是描述它的一种对偶方式。通过傅里叶变换将 $f(x)$ 从通常的空间转换到所谓的频率空间,我们成功简化了一个难题。

这些对偶可以用数学公式表述并严格证明。但最近在物理学中,我们发现对偶比傅里叶变换更神秘,也更强大。从数学角度来看,这些对偶尚未找到明确的解释。想象一下,如果你想求解一个奇异的微分方程,你有一个黑箱法可以得到一个答案,那么你可以检验它是否有效。在今天的现代物理学中有许多这样的陈述。这就像有一个类似于谜题大师的神奇代码来求解问题一样。我们不知道它们是怎样或为何起作用,但它们确实有效。从这个角度看,这些基于对偶的方法可以解决以前不能解决的数学问题! 换句话说,它们可以为我们提供正确答案,而不必深入解释我们是如何做到的。

量子力学中的对偶

傅里叶变换对于量子力学中波粒二象性的发展至关重要。

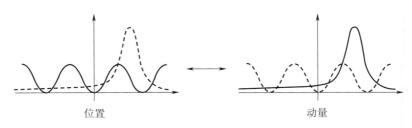

位置空间的傅里叶变换是动量空间。它将一个空间中高度集中的分布 (位置的不确定性较低) 转化为另一个空间中高度分散的分布。静

182

止物体更像粒子, 类似于在空间中某个特定点附近达到峰值的概率函数。运动物体更像在位置空间中传播的波, 可以看作在动量空间 (位置空间的傅里叶变换) 中某个点附近达到峰值的概率分布。一个空间中分布的峰值越多, 其对偶傅里叶变换中的分布就越广。位置和动量之间的精确关系由海森伯不确定性原理给出:

$$\Delta x \Delta p \geq \hbar/2.$$

为什么会出现这些对偶? 为什么图像不止一个? 对这种现象, 我们没有很好的解释, 但对偶的存在似乎是自然界的一个深刻、不可避免的事实。

麦克斯韦理论

在电磁学理论中, 电场和磁场用 $\vec{E}$ 和 $\vec{B}$ 表示。电荷 q_e 会感应电场。也许有人会认为, 磁场同样是由磁荷 q_m 感应产生的, 但我们从未在自然界中发现过这样的事物——粒子或磁单极子, 它们包含一个孤立的磁荷单位, 例如只有一个北极, 而没有南极。然而, 狄拉克证明, 如果磁单极子确实存在, 那么电荷必然是量子化的。根据引力的量子公式, 我们认为会有磁单极子。而且, 在电磁力与我们之前讨论的其他力统一的背景下, 它们会自然地出现。

麦克斯韦方程在电场和磁场之间具有一种非常有趣的对称性:

$$\begin{cases} \vec{E} \mapsto \vec{B}, \\ \vec{B} \mapsto -\vec{E}, \\ q_e \mapsto q_m = 1/q_e. \end{cases}$$

当然, 如果没有 q_m, 或者它们的质量在带电状态下不同, 那么这就不再是对称的了。不过，即使不存在磁单极子，对称性在没有带电粒子的真空中也会成立。在这种真空的环境中，麦克斯韦理论具有惊人的对称性：如果采用麦克斯韦方程，将电场替换为磁场，再将磁场替换为电场的负值 (上方箭头的含义)，则方程保持不变。但是请记住，这种非凡的对称性仅适用于真空中。

在量子理论中，情况变得更加复杂。量子效应破坏了电场和磁场之间的对称性。为了量子化麦克斯韦的理论，你需要知道量子电荷

$$\frac{e^2}{\hbar c} \approx \frac{1}{137}.$$

这个数字控制着量子涨落：数字越大，量子修正就越大。由于这个数字很小 (低于 1%)，因此量子效应并不是我们日常生活中的主要因素。

在量子理论中，电场和磁场的对称性差不多使这个量上下颠倒

$$\frac{e^2}{\hbar c} \mapsto \frac{\hbar c}{e^2} \approx 137.$$

粗略地讲，表示电相互作用强度的量变成了磁相互作用强度，后者要大得多。这是因为 $q_e q_m \approx 1$。因此，电相互作用被称为弱耦合，磁相互作用被称为强耦合。此外，磁相互作用越强，电相互作用越弱，反之亦然。

但是，如前所述，由于麦克斯韦理论中没有磁单极子 (以及量子效应)，电和磁相互作用之间的对称性不成立。但是，麦克斯韦理论有一个修正，使得这种对称性仍然成立，现在我来解释一下。

你可以把 $(\vec{E}, \vec{B}, \cdots)$ 理论推广至矩阵。这被称为麦克斯韦理论的"非阿贝尔"版本，与数字不同，矩阵没有可交换性，因此形成了非交换群。

让我们再深入研究一下数学。在麦克斯韦的理论中，基于所谓的 $U(1)$ 规范对称性，场的分量可以视为 1×1 矩阵的数字。一个 1×1 的矩阵同样等价于一个数字，但是用这种形式表示数字，可以使人们更容易地推而广之。如果把电场和磁场的分量换成 $N \times N$ (厄米) 矩阵，我们将得到所谓的 $U(N)$ 规范对称性。

我们提到的强/弱对偶性仍然无法奏效，除非我们添加足够的费米子使该理论超对称，正如我们之前所讨论的那样。这可以控制量子涨落，并恢复经典理论中电场和磁场之间的对偶性。

这引出了我们尚未完全了解的一种对偶性——我们有证据证明它的有效性，尽管我们目前还不知道如何证明它[34]。这其实与数学家感兴趣的一个问题有关，即所谓几何的朗兰兹纲领的一部分，它与数论中的问题有关。强/弱对偶性以这样和那样的方式将数学和物理联系起来。物理学家已经在很多很多非平凡的情况下验证了这种对偶性，它都成立，但我们仍然不能从第一原理来解释它为何成立。尽管物理学家的表述可以用具体的数学形式表达，但在对量子场论有一个完整的、数学上严格的理解之前，我们无法将它们统一起来——在进入量子时代近一个世纪之际，我们依旧缺乏办法。

磁和电相互作用之间的强/弱对偶是 S-对偶的一个示例，其研究最多的版本是，$N = 4$ 超对称 $U(N)$ 杨–米尔斯理论的 S-对偶。

---

[34] 我们唯一能证明的情况是，$U(1)$ 的情形可以用量子场的无限维空间中的傅里叶变换证明。

弦理论中的对偶

弦理论揭示了许多强大且惊人的对偶，从而说明了对偶在物理学中的重要性。我们将会看到，电荷和磁荷的强、弱耦合之间的对偶，可被翻译成弦理论的几何语言。在这种情况下，我们不仅要考虑 4 维时空 ($\mathbb{R}^4$)，而且还必须考虑确保理论一致性所需的其他高维几何。和这一问题相关的几何实际上是 6 维的。相关的 6 维几何是通常的闵可夫斯基时空 $\mathbb{R}^4$ 与 2 维环面的乘积 (即 $4 + 2 = 6$)。例如，这个额外的环面可以有边长 ℓ_1 和 ℓ_2，它们的比值为

$$\frac{\ell_2}{\ell_1} = e^2.$$

我们刚才提到的边长 ℓ_1 和 ℓ_2 可以看作一张矩形纸的长和宽。纸可以卷成一个圆柱体，圆柱体的两端可以相互连接，形成一个甜甜圈或环面，如图 82 所示。

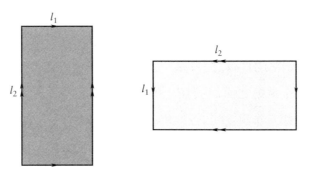

图 82　电/磁对偶可以看作 2 维环面上的 90 度旋转。

在弦理论中，$U(N)$ 理论的 $E \leftrightarrow B$ 对称性是通过将 N 个 6 维物体包裹在一个 2 维环面上得到的，如此得到的 4 维理论具有这种对称性。在这种表述中，该对称性来自将环面视为矩形 (图 82)。如果将坐

标 (逆时针) 旋转 $\pi/2$，那么我们将得到如下变换

$$\begin{cases} x \mapsto y, \\ y \mapsto -x. \end{cases}$$

这样做改变了 e^2 的含义，因为两条边的作用互换了，我们得到 $\frac{\ell_1}{\ell_2} = 1/e^2$，并把它确定为磁荷的平方。当转化为弦理论时，电和磁之间的对偶性变成了一个平凡的观察，即环面没有不同的边。我们的意思是，对于生成此环面的原始矩形，称一条边为水平还是垂直的不再有差别。选择是完全随意的：$\frac{\ell_1}{\ell_2}$ 和 $\frac{\ell_2}{\ell_1}$ 在物理上等同。

T-对偶

弦理论中最简单但影响最深远的对偶是 "T-对偶"。为了理解它，可取一个长度为 L 的周期区间，你可以将其想象为一个圆。你也可以考虑边长为 L 的正方形的周期性形式，从而给出一个环面。或者考虑这个周期盒子的 3 维版本，也称为 3 维环面。想象一下，这个盒子是长度为 L 的宇宙。它变得越来越小，看上去被压缩得更多，如图 83 所示。

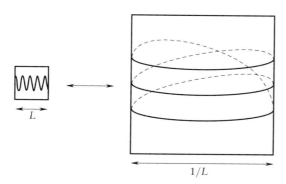

图 83　长度为 L 的小宇宙与长度为 $1/L$ 的大宇宙对偶，其中小宇宙中的运动弦与大宇宙中的缠绕弦对偶。

187

但在弦理论中，发生了一些很有意思的事情：当你继续将其缩小到弦长以下时，它最终的行为好像是在"膨胀"。有一种长度反转的对偶：在弦单位下长度为 L 的宇宙和长度为 $\frac{1}{L}$ 的宇宙对偶。

这听起来很疯狂，但这是我们实际上可以证明的对偶之一！盒子中粒子的能量被量子化，如果长度为 L，则为 $E \sim \frac{n}{L}$。这是通常与盒子中的谐波有关的能量，n/L 可以看作弦的质心动量。注意，这在 $L \to 1/L$ 下不是对称的。随着长度变小，这些模态的能量变得巨大。弦理论为这种情况带来了额外的因素——弦在盒子上的缠绕。这用它的绕数来刻画，因此其能量与 L: $E \sim mL$ 成比例 (因为必须要做一些功来拉伸弦)，其中 m 是绕数。现在观察一下，如果取 $L \mapsto 1/L$，并交换 m 和 n (即将弦的质心动量与弦的缠绕模式互换)，你会得到理论的相同频谱。换句话说，就能量而言，我们无法区分大小为 L 的盒子和大小为 $1/L$ 的盒子。

实际上，更广泛地说，你无法在弦理论中区分大小为 L 的宇宙和大小为 $1/L$ 的宇宙。由于不了解弦论，爱因斯坦很可能不同意这个结论。他可能会说，如果你想测量长度，那就用一束光来测量其走过宇宙的那个长度所需的时间。这将给出一个明确和确定的长度。那么，我们该如何解决这种意见分歧呢？在弦理论中，有两种光——我们通常的光的概念 (由动量模态组成) 和一种由缠绕的弦组成的光。如果用普通的光 (涉及普通光子) 测量距离，你得到长度 L。但是，如果用另一种对偶形式的光 (涉及缠绕光子)，那么你将看到另一个长度，$1/L$! 这告诉我们，距离不是弦理论的基本概念。可能你也想知道，我们是否可以在家里的手电筒中看到另一种光。答案是否定的，因为它的能量与宇

188

宙的长度成正比，所以生成它需要消耗天文数字的能量（在当前的电池技术下是不可行的）!

卡拉比－丘流形和镜像对称 [35]

T-对偶可以产生新的对偶。具体而言，卡拉比－丘流形是一种非常特殊的流形，每个流形都具有不同的复杂拓扑结构的对偶或"镜像"流形。尽管从数学上看，两个卡拉比－丘流形被分为不同的类，但在弦理论中并不一定如此，因为具有不同拓扑的流形在物理上可以是相同的。T-对偶的这种推广称为镜像对称。

对偶性可以把一个问题转化为它的对偶问题，这意味着对在某个框架中提出的每一个问题，在对偶框架中都可以提出它的对偶问题。有什么具体的例子呢？为了计算弦理论中的物理相互作用，我们从 10 维开始，通过假设剩余维度被卷曲并隐藏在一个很小的 6 维空间中，将理论降为 4 维，一个典型的例子称为"卡拉比－丘流形"。然后，我们需要计算可放置在流形内的最小面积球面的数量，这会是一项非常艰巨的任务，在某些情况下超出了我们的能力范围。然而，由于对偶性，我们可以通过在卡拉比－丘流形的镜像上计算一些简单的积分来回答相同的问题——这样，就用一个简单得多的问题代替了一个令人烦恼的问题。使用这种方法，物理学家计算出了不同度数球面之最小面积球面的数量——每个度数对应于球面的绕数，或球面在空间中卷绕方式的数量。数学家之前已经解决了 1 度和 2 度的情况，他们的答案与物理学家所获得的数字一致。但是，通过使用镜像对称，物理学家

---

[35]布莱恩·格林在《宇宙的琴弦》(*The Elegant Universe*) 一书中，对这部分内容有很好的介绍。

不仅可以确定 1 度和 2 度的答案，还可以确定任意度数的答案。

数学家最初试图用传统方法求得这些数字，经过一番努力，他们得到了 3 度问题的解。但是，他们的数字与物理学家通过镜像对称方法得到的数字不同。许多人认为弦理论家弄错了，但数学家后来发现他们的工作中有一个错误。重新计算后，他们证实了物理学家的计算结果。这使我们在利用对偶性来解决物理和数学难题时有了更大的信心，因为这种方法得到了其他已知方法无法获得的可靠预测。

我们还可以问一个问题，不仅涉及在卡拉比–丘流形上可以放置的最小球面数量，还涉及在卡拉比–丘流形中有多少个有 g 个洞的极小曲面 (其中 $g = 0$ 对应球面的情况)。g 称为曲面的亏格。超过 25 年前，物理学家计算了 $g = 1$ 和 $g = 2$ 的数量，并在大约 10 年后扩展到 $g = 49$。到目前为止，在没有利用镜像对称的情况下，数学家仅再现了 $g = 1$ 的情况。[36] 这证明了这些神秘对偶的力量。尽管在数学上对它还没有深刻的理解，但数学家对镜像对称十分兴奋，因为他们可以通过物理学来解决数学问题，并激发新的数学思维。

在研究弦理论的过程中，镜像对称引起研究人员的注意，它是物理学家可以利用的较容易的对偶性之一。另一方面，我们之前讨论过的麦克斯韦方程非阿贝尔版本的 S-对偶，理解起来则要复杂得多。

让我们试着通过简单的谜题进行类比，这可能有助于了解弦理论对偶的性质以及如何思考它们。

---

[36] 由于对严格性的不同标准，数学家将这些来自物理学的结果视为猜想。通常物理学家所说的"确定的结果"，数学家称之为"物理学家的猜想"。

谜题 考虑一个 1000×1000 (单位是 cm，下同) 大小的正方形板，它由 10^6 个大小为 1×1 的方形网格组成。假设你有 999990 块大小为 1×1 的正方形积木，要把它们以不重叠的方式平铺在方形网格上。请找出把它们放置在板上的所有可能方法。

解答 答案是 $\binom{1000000}{999990} = \binom{10^6}{10}$。这里我们使用了二项式系数的对称性：

$$\binom{n}{k} = \binom{n}{n-k}.$$

这是对称的，因为无论使用等式的哪一边，我们都将得到相同的答案。但这也是一种对偶性。我们可以把平铺的方块看作空着的方格，而把空着的方格看作平铺的方块；这两种情况是完全对称的。换句话说，在板上放置方块的每种方式，也可被视作不将方块放在其余方格的一种方式。因此，在板上平铺 999990 块积木跟平铺 10 块积木的方法数量是相同的，显而易见，后者是一个更简单、更容易解决的问题。

从某种意义上，这呈现了未经证实但非常有趣的观点，即不可能存在无限复杂的物理理论。通过包含越来越多的正方形，问题最初变得更加复杂，但最终它开始变得越来越简单。当参数达到最大可能值时，复杂性不会达到最大，因为如果我们从 10^6 块积木开始铺起，那么只有一种方法将其放置在板上。在这里，最大的复杂性出现在 $k = n - k$，即 $k = n/2$ 时，也就是当我们有 $\frac{1}{2} \times 10^6$ 块积木时。这也反映在 T-对偶的情况中，当 $L = \frac{1}{L}$，即 $L = 1$ 时，我们得到最小且物理上最为复杂的有效长度。

191

谜题 给你一根 1 m 长的木棍和 20 只蚂蚁，在 $t = 0$ 时，把蚂蚁放在木棍上。你可以将蚂蚁放在木棍上的任何位置，让它以 1 m/min 的速度向左或向右爬行。每次当两只蚂蚁相撞时，它们只能调转方向并继续以相同速度爬行。当蚂蚁到达木棍末端时，它们就会掉下来。问题是：为了使最后一只蚂蚁在跌落前留在木棍上的时间最长，一开始应该把它们放到什么位置，以及它们应该朝哪个方向爬行？

解答 在蚂蚁相撞时，不要把它们看作彼此反"弹"，而是通过把蚂蚁对偶化以及互换身份，把它们看成是穿过对方 (参见图 84)。如果你不跟踪蚂蚁的身份，就不会改变蚂蚁的位置。很明显，我们可以完全忽略碰撞，在这种情况下，任何有至少一只蚂蚁从端点开始爬行的解决方案都有效，最后一只蚂蚁在掉下之前，在木棍上待的最长时间是一分钟。

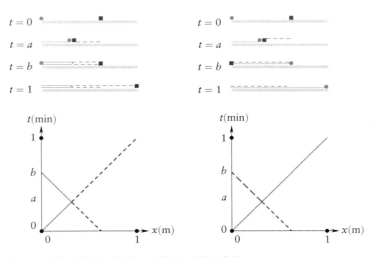

图 84 蚂蚁碰撞的对偶性：碰撞后互换了身份。

192

谜题 假设点 A 和点 B 相距 $100\,\mathrm{km}$。一个人骑自行车以 $1\,\mathrm{km/h}$ 的速度从 A 骑到 B，一辆汽车以 $100\,\mathrm{km/h}$ 的速度从 B 驶向 A。每当汽车遇到自行车时，它都会掉头行驶；当汽车到达终点时，它会再次掉头行驶，直到骑自行车的人到达 B。汽车行驶的距离是多少？

解答 同样，把每段路程的距离加起来，可能会给出不必要的更为复杂的论述。最简单的方法是计算自行车到达 B 所花费的小时数，然后将小时数乘以汽车的速度 $(100\,\mathrm{km/h})$，就可确定在这段时间内汽车行驶的距离。换句话说，通过骑车人来计算对偶时间更为容易，它与通过行驶的汽车计算的时间相等。

其他对偶：几何和力

根据弦理论，宇宙由 4 维时空 $\mathbb{R}^4$ 和 6 维紧化空间的乘积组成。物理可以被"几何工程化"，即自然的力和粒子可以用这种紧化 6 维流形的几何来解释。正如爱因斯坦告诉我们的那样，引力是时空的曲率或几何的一种表现形式，弦理论家认为，我们看到的许多物理现象，均由空间中每一点处都存在的隐藏 6 维流形的形状或几何所决定。该理论认为，我们生活在 $(3+1)$ 时空中，可能还有 6 (或 7) 个隐藏维度。隐藏的维度在哪里？好吧，电话线从远处看是 1 维的 (如图 85 所示)，

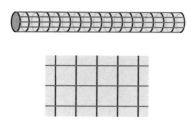

图 85　更仔细观察会发现额外的维度。

193

但更仔细地观察就会发现它是 2 维的。宏观空间是 3 维的，但就像电话线的情形一样，可能还有额外的隐藏维度，它们太小了，以至于我们看不见。

在弦理论中，有 4 个宏观时空维度和 6 个紧化维度，如图 86 所示。

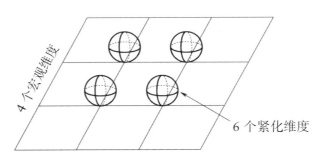

图 86　在宏观空间的每个点上都有微小的卷曲空间。

这些微小的额外空间是什么样子呢？它们如何影响我们在时空中观察到的事物呢？这一系列的问题导致了前面提到的物理的几何工程的概念。根据内部 6 维空间的形状和大小，观测到的物理现象将会不同，粒子的质量和力的强度等也会不同。例如，假设我们想要描述支配夸克之间力的强相互作用的几何。对于微小的内部空间，我们需要做的是让它包含两个接触于一点的球面 (产生 SU(3) 的非阿贝尔规范力)，如图 87 所示。物理和几何相互关联的方式——在这个例子和其

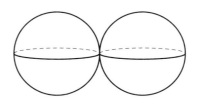

图 87　两个微小的球面在某一点接触，会引发夸克间强作用力的物理现象。

194

他例子中——确实非常神奇, 尽管很难在这里解释清楚。

严格来说, 我们必须考虑球面面积趋于零的极限情况。

谜题　假设在一个平面上有 4 只蚂蚁, 各自匀速向不同方向爬行。我们将其标记为 1、2、3 和 4。假设我们被告知, 除了蚂蚁 1 和 2, 所有蚂蚁在移动时都会成对地碰撞; 但我们不知道它们是否都会相互碰撞。根据这个假设, 我们能确定蚂蚁 1 和 2 会相撞么?

解答　它们一定会。要了解这一点, 并了解来到更高维度的威力, 我们在这个场景加入时间维度。换句话说, 考虑由 (x, y, t) 给出的时空, 其中 (x, y) 表示蚂蚁在平面上的点, t 表示时间。如果考虑每只蚂蚁在这个时空中的轨迹, 我们会得到一条线, 称为世界线 (world line)。由于每只蚂蚁都匀速运动, 我们可以得出结论: 每只蚂蚁在 (x, y, t) 空间中的世界线一定是一条直线。两只蚂蚁碰撞的事实表明, 它们的世界线必须相交, 因为在某个时间 t, 它们必须在相同的位置 (x, y)。特别是, 蚂蚁 1 和 3、1 和 4 的世界线相交。蚂蚁 2 和 3、2 和 4 的世界线也相交。这意味着蚂蚁 1、3 和 4 的三条世界线形成一个平面, 而蚂蚁 2、3 和 4 的三条世界线也形成一个平面 (见图 88)。但是, 如果蚂蚁 3 和 4 的世界线相交, 它们就定义了一个平面。这意味着蚂蚁 1 和 2 的世界线也在同一平面上。假设蚂蚁 1 和 2 朝不同方向爬行 (因此它们彼此不平行), 并且它们的世界线在同一平面上, 那么它们的世界线一定相交, 这意味着蚂蚁必然会在平面上某处碰撞。

黑洞中的对偶

霍金发现黑洞具有极高的熵, 并且他 (利用贝肯斯坦的工作) 阐明, 熵与视界的面积成正比。但是这个熵从何而来呢? 它的微观成分

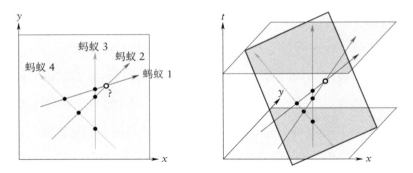

图 88 将时间视为一个额外坐标,通过将蚂蚁 1、3、4 和蚂蚁 2、3、4 的世界线显示在时空的同一平面上,从而为谜题提供了解决方案。由此得出结论,蚂蚁 1 和 2 的世界线在同一平面上。

是什么?我的同事安德鲁·施特罗明格和我用弦理论中的对偶描述,求得了黑洞熵(或内部自由度)的一个精确解。弦理论的计算涉及在 6 维卡拉比–丘流形内部可容纳的球面的数量——球面包裹着膜或"D 膜"。这个方法得到的答案与贝肯斯坦–霍金公式相同,同时提供了详细的内部图像,说明了黑洞为何拥有如此高的熵。这是弦理论的一个重要成就,也证明了对偶的威力:对卡拉比–丘流形内部的数学对象计数得到的数字,奇迹般地与由黑洞视界面积推导出的数字相同。

弦理论中出现的许多重要对偶涉及一种称为"几何相变"(geometric transition)的几何上的变化(见图89)。例如,想象一下把一个

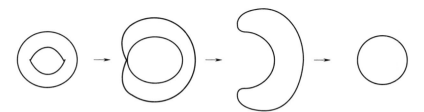

图 89 几何相变的例子:一个环面变为一个球面。

像甜甜圈的水平环面放在桌子上。现在，画一个圆，它垂直于桌面，相当于环面的一个切面。假设我们将圆缩小到一个点，并在此过程中捏住环面，直到圆切面缩小到一个点最后消失，这时环面就会张开，从而在拓扑上等效于一个球面。尽管它没有传达其对弦理论的重要性，但它提供了一个简单的几何相变图。相关的一个重要例子是全息术，我们将在下面讨论。

夸克禁闭，即夸克被牢固地束缚在原子核内部，可以用几何相变来表示，在相变中，一个球面收缩，而另一个球面扩张，如图 90 所示。

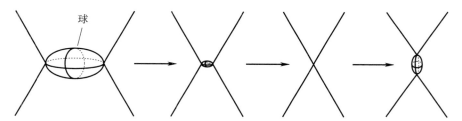

图 90　一个球面收缩，另一个球面扩张：夸克禁闭的一个几何模型。

全息术

你可能对全息卡片很熟悉，它具有 2 维的图像，却给人以 3 维的感觉。我们还提到了黑洞背景下的全息术，如果我们知道视界的表面积而不是其体积，就可以完全刻画黑洞。

假设你有一个光子，经典方式是用 1×1 矩阵来表示，现在换作用 $N \times N$ 矩阵来表示它。这是杨－米尔斯理论的主题。如果将 $N \gg 1$ 取得很大，并在 $\mathbb{R}^4$ 中解释它，那么你就得到了一个 5 维的引力理论！这就是全息术，也是 AdS/CFT 对偶的一个示例。AdS/CFT 可以用更简单的语言来描述：有关 5 维时空的所有信息（由包含引力在内的弦理论所描述) 完全在该时空的 4 维边界上编码 (由不包含引力的量子场论所描述)。值得注意的是, 这两幅图像——涉及不同维度的时空, 一幅包含引力, 一幅不包含引力——是等价的。这不仅是一个惊人的事实, 而且是一个非常有用的事实, 因为它在过去 20 年中推动理论物理学的有趣工作向前发展。

维格纳半圆定律

考虑由如下密度函数给出的高斯分布

$$f(x) \propto \exp(-x^2/g).$$

尤金·维格纳问: 如果 (用矩阵) 推广到高维会发生什么? 也就是说, x 现在被一个对称的 $N \times N$ 矩阵 X 替代, 每一项都是一个随机变量。现在我们考虑它的特征值。一般来说, 会有 N 个特征值。维格纳发现, 如果 $N \gg 1$、$g \ll 1$ 且 Ng 固定, 则特征值根据一个完美半圆形状的密度函数分布! 大小为 $R \sim \sqrt{Ng}$ (从技术上讲, 维格纳是对厄米矩阵做了这些工作)。

这跟全息术有什么关系呢? 设 $\rho(\lambda)$ 表示特征值的密度。可以证明, 我们在大 N 的极限处近似得到

$$\alpha \rho^2 + \lambda^2 = gN.$$

由此我们得到密度函数

$$\rho(\lambda) \propto \sqrt{R^2 - \lambda^2}.$$

但是, 现在有了新的变量 ρ, 它代表了一个新的维度。见图 91。从这个意义上讲, 全息术与理解极端情况下的某些性质有关, 这里则是矩阵

的大小 N 很大。这给出了一个等价的图像：半圆定律。在弦理论更复杂的例子中，它给出了一个更高维度的引力。这些图像本身就很有启发性和趣味性。

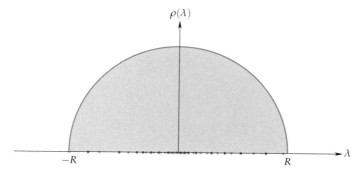

图 91 　大型随机厄米矩阵的特征值密度的图像是一个半圆。

就我们在这里的讨论而言，全息术是通过弦理论发现的一个奇妙的构想——一个令人难以置信的谜题求解器，我们可以用它来解决各种问题。我们并不总是知道为什么这种方法和其他基于对偶的方法有效。理解这一点需要数学家和物理学家之间的长期合作。没有人知道完成这样一个项目需要多久，以及它最终会把我们引向何方。

12

总结

尽管在上一章我们看到物理和数学因对偶的概念交织在一起，但前几章中的许多讨论都是在两者之间交替进行的。在某些情况下，我们从数学和物理的角度讨论了一个给定的主题 (A)。然后，我们又从两个角度讨论了相反的主题 (反 A)。我们还解决了一些谜题，这些谜题把物理和数学的思想方法结合在一起。

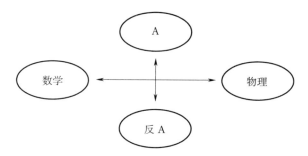

图 92　本书主题的粗略示意图。

正如我们所解释的，对偶已经成为当今物理学中越来越重要的主题，它也是总结我们在书中所学知识的重要思想。在探索自然界出现的对偶中，我们得到的一个教训是：在考虑物理定律时，我们必须对不

201

同观念持开放态度，不应该只固守单一观点，而忽略其他观点。看待事物的方式和角度有很多种：所有看法都可能是同等合理的，也都可以提供各自的优势和见解。在某些情况下，更好的视角可以带来更好的解决方案。简而言之，这可能是从我们的讨论中得出的最重要的关键信息。现在，让我们回顾一下书中介绍的一些内容，同时再增添一些细节。

对称性及其破缺

我们首先研究了对称在物理学中的重要性。我们研究了平移对称和旋转对称，以及其他更微妙的对称形式。

谜题　下图中 △ABC 和 △ADE 是两个顶角为 36° 的等腰三角形，求 BD 和 CE 的夹角：

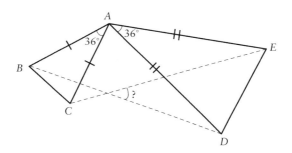

解答　因为 △$ABD \cong$ △ACE 是两个全等三角形，在绕 A 旋转 36° 后，它们重叠在一起。因此，BD 和 CE 之间的夹角为 36°，因为这就是在旋转过程中，两条直线之间的角度变化。这个解决方案还利用了旋转对称的思想，因为我们知道三角形可以旋转 (这里为 36°)，而没有其他方式的改变。

谜题 在 10 m 大小的正方形角上有四只乌龟。它们各自以 1 m/s 的恒定速度逆时针向相邻的乌龟爬行，同时选择最短路径爬向目标。它们到达中心需要多长时间?

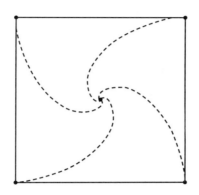

解答 需要 10 s。直觉告诉我们，从一只乌龟的角度来看，如果另一只乌龟不移动，则需要 10 s。但为什么当目标乌龟也移动时，这还是正确的?

系统始终具有围绕原点的 90° 旋转对称性，因此乌龟在它们全部移动时总是形成正方形的一个构形 (参见图 93)。乌龟始于正方形的四

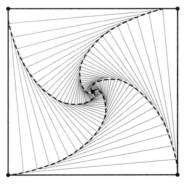

图 93 当乌龟移动时，它们总是位于一个正方形的顶角上。

203

个角，彼此之间始终保持相同的距离，这意味着它们始终位于一个正方形的四个角。因此，追逐的乌龟总是沿垂直于被追逐的乌龟的运动方向移动，两者接近的速度与被追逐的乌龟不动时是相同的。

对称很有趣，但对称破缺有时更有趣。在某种程度上，我们的存在就归功于对称性破缺。物质和反物质是对偶的，那么为何物质存在，而反物质却消失了呢？如果这是一个完全对称的关系，那么任何事物都不可能存在，我们也不会在这里。物质和反物质会相互湮灭，什么都不会留下。只有物质和反物质之间存在微小差异 (大约 10^9 次失衡中只会有一个物质粒子) 的情况下，才有可能存在剩余物质，这种差异称为"CP 破坏"。尽管我们说对称无处不在，但对称破缺也无处不在，并且后者可能更为重要。

但是，对称破缺可能是十分违背直觉的。例如，物理性质经过反射不是对称的，这一事实一开始连费曼都难以接受。

规范对称性

粒子物理学的许多重要性质都涉及所谓的"规范对称性"。这与我们身边常见的对称有些不同。关于平移对称，我们可以说在两个不同点进行的实验应该有相同的结果。关于规范对称性，我们可以说这两个不同的点本质上是同一个点。在数学上，我们会说我们正在"模掉"某种等价关系。这方面的一个例子是显示圆柱体上所有水平线之间的等价关系。圆柱体可以被认为是直线和圆的乘积。如果圆上的每个点都标记一条线 (即穿过它的那条直线)，考虑一个规范对称性，它沿圆柱体的圆周旋转。如果我们将其定义为"规范对称性"，就可以将圆上所有的点彼此定义为对称。换句话说，圆柱体的所有水平线均视为等价。

　　经典电磁学提供了规范对称性的第一个已知例子，该例子实现了上述圆柱体的规范对称性。对于每个电场，空间中的每一点都有一个电势 (V)。事实证明，在任何给定点上 V 的数值是任意的，因为它是相对于本身是任意的参考点或"地"定义的。如果选择一个不同的参考点或地，则 V 的数值会发生变化，但这只会改变单位，而不会影响物理性质。换句话说，如果 V 是麦克斯韦方程的解，则 V 加上任意常量 C 也可以用来求解方程，并且电场和磁场不会有可观测到的变化。这是规范变换最简单的示例。用物理学的说法，麦克斯韦方程具有规范对称性，因为在这种更复杂的变换 (称为规范变换) 下，方程是不变的。用圆柱体来类比，它等效于为时空中的每个点选择圆上的一个点。

　　国家之间进行货币兑换的做法是规范对称性的一个很好的类比。我们可以想象一个点阵，每个点代表一个国家。每两个邻国之间都有货币汇率。[37]

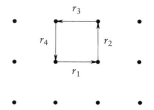

　　更改一个国家的货币单位将更改该国与其他国家之间的所有汇率 r_i。货币单位的这种变化实际上并不影响任何经济因素，因为这仅

---

[37] 有关此例的更详细讨论，请参阅胡安·马尔达西那的论文：
https://2d.hep.com.cn/1155571/4 。

仅是一个惯例问题。以美国和阿根廷之间的货币兑换为例。假设汇率为 3000 (阿根廷) 比索 = 1 (美国) 美元。1985 年, 阿根廷推出了奥斯特拉尔作为其标准货币单位。如果 1 奥斯特拉尔 = 1000 比索, 那么 1 美元 = 3 奥斯特拉尔。这称为规范对称性, 因为在转换更改之后, 什么都没有真正改变。所有货币单位的选择都是等效的。从这个意义上讲, 它就像一个规范对称性。请注意, 一个循环的乘积 $r_1 r_2 r_3 r_4$ 不会因为货币单位的变化而改变, 这在物理上是有意义的。这就是物理学家所说的规范不变量。可以有一个公平的汇率, 使得循环乘积为 1 ($r_1 r_2 r_3 r_4 = 1$)。或者, 在其他情况下, 投机可以使人们通过套利赚钱 ($r_1 r_2 r_3 r_4 > 1$)。

这是关于规范对称性的一个简单描述, 尽管它没有强调规范对称性在物理中起着至关重要的作用。如前所述, 电磁学具有 $U(1)$ 规范对称性。我们关于自然界其他三个基本力 (弱力、强力和引力) 的理论也包含了规范对称性, 因此它是我们的粒子物理标准模型牢固建立的中心结构。

直觉的数学

我们讨论了物理学中的多种数学现象。例如, 基于连续性原理, 我们能够论证说, 地球上存在具有相同温度和气压的对径点。通过这个例子, 我们证明了数学可以对物理施加一些约束, 尽管它通常不能提供太多关于物理的实质和动态的信息。数学可以给出地球上存在对径点的约束, 但它不能告诉你这些点在哪里, 或在什么情况下可能发生变化。

谜题 想象一下, 我们有一个球, 其表面布满了原子。我们让每个原子在表面上连续移动一段时间, 然后停下来 (像音乐椅*那样)。如果一个原子最终停留在同一位置, 它就会从球上 "掉落"。如果原子会互相帮助不从球上掉落, 有可能做到没有原子掉落么?

解答 不, 这是不可能的! 布劳维尔不动点定理认为, 球面到自身的连续映射总有一个不动点。证明类似于我们前面关于卷绕数的讨论。这个无穷小版本给出一个矢量场, 它在某个位置一定为零。这种现象也可以用如下断言来描述: 你不能在球面的每个点上梳理头发。总有一个地方, 头发会直立起来, 不能按你选的方向梳理。将头发投射到球面上得到一个矢量, 而直立起来的头发得到零矢量, 这就是我们所说的矢量场流的一个不动点。在本题中, 原子的运动可以看作一个矢量场, 没有原子掉落的矢量场在任何地方都不应为零。这是不可能的。

同样, 这些看起来形式化的数学表述在物理学中发挥着重要作用。正如我们前面讨论的那样, 绕圆柱体曲线的卷绕数守恒的事实对应于电荷的守恒。

有一个关于质子的史科 (Skyrme) 模型。首先, 有一个场 g, 它的值在 S^3 中。该场在空间 $\mathbb{R}^3$ 上的值可以看作映射 $g : \mathbb{R}^3 \to S^3$。可以在以下框架下研究质子 (一般来说, 是重子): 考虑空间的一个单点紧化, 即通过在无穷远处添加一个点, 将 $\mathbb{R}^3$ 替换为 S^3。单个重子对应于恒同映射 $g : S^3 \to S^3$。一般来说, 这个映射的卷绕数给出重子数。

---

*一种游戏。——译者注

207

违背直觉的数学

违背直觉的数学的一个典型例子是，把包围地球赤道的皮带长度增加 1 m，就可以得到大约 120 m 的额外高度。

回忆一下关于圆盘边界上各点之间的连线所切区域数量的谜题。我们了解到，我们很容易被模式误导。在物理学中，我们只能从有限的数据和示例进行推断。即使理论与有限的数据完全吻合，我们也必须始终为可能的错误做好准备。

无限往往是混乱和困惑的根源。有趣的是，尽管实数总体上是不可数的，但可计算的实数集合 (可以计算出我们想要的数字) 是可数的。这是因为可计算实数由一组可数的运算组成。如果你进行了可数次运算，不出所料，你会得到可数的结果。

有时，疯狂的数学会在物理学中出现。回想一下我们之前讨论的希尔伯特旅馆问题，$\infty + 1 = \infty$。这实际发生在物理中，是在真空中产生一个粒子。描述这类异常的数学理论称为指标理论。

谜题 我们掷一枚特殊的硬币。第一次是正面朝上，第二次是反面朝上。该硬币具有如下的自适应性：在前两次掷硬币后，出现正面的概率与前几次中出现正面的比例成正比。

我们再掷 100 次。(在前两次抛掷后) 出现 13 次正面的概率是多少？50 次正面呢？100 次正面呢？

解答 有两个相互竞争的效应。一个是关于达到特定数量正面的组合效应，另一个是雪崩效应，即每次掷硬币的结果都倾向于与前一次相同。在第一个效应中，出现 50 次正面的可能性比 0 次或 100 次大。第二个效应则相反，极有可能出现极端情况。假设在前几次抛掷中都得到正面, 那么得到正面的概率就会增加, 这可能会导致正面的雪崩效应, 导致更极端的结果。事实证明, 这两个效应实际上是相互抵消的, 结果是, 概率并不取决于出现的正面次数! 所有结果都是等可能的, 概率为 $p = \frac{1}{101}$。

我们可以通过观察如下的抛掷结果和每次结果的相应概率来了解这一点 (H 代表正面, T 代表反面)

$$
\begin{array}{cc|ccccc}
\text{H} & \text{T} & \text{H} & \text{H} & \text{T} & \text{H} & \text{T} \\
\hline
& & \frac{1}{2} & \frac{2}{3} & \frac{1}{4} & \frac{3}{5} & \frac{2}{6}
\end{array}
$$

根据这种模式, 我们可以推导出, 对于有 H 个正面和 T 个反面的给定结果, 其概率为

$$
\binom{H+T}{H} \times \frac{H!\,T!}{(H+T+1)!} = \frac{1}{H+T+1}.
$$

第一个因子与组合效应有关, 第二个因子与雪崩效应有关。这导致所有结果的概率为 $\frac{1}{101}$。

直觉和反直觉的物理

物理直觉可用来获得对看似困难问题的深刻见解。一个突出的例子是, 物理直觉通过弦理论, 在一些 (枚举几何的) 抽象问题上取得了进展, 而这是一些完全独立的数学问题。在理论物理学的前沿, 我们已经用镜像对称性和物理直觉来预测数学现象——数学家自己还无法证明它们。

还记得我们如何用转矩证明勾股定理的吗? 人们可能会争论, 这个论点是否有点循环论证, 但毫无疑问的是, 将数学问题置于物理框架中可以提供新的见解。例如, 你可以很容易地用这个技巧来理解更

209

一般的余弦定理。这些只是几个简单的小例子，它们有助于说明更普遍的观点。

除非你从正确的视角来看待理论，否则理论往往并不符合直觉。例如，爱因斯坦的相对论似乎就非常反直觉，因为它有时间膨胀和长度收缩的奇怪现象，但它源于一个非常符合直觉的假设，即惯性系必须是等价的。最初，没有人认为光速在所有惯性系中都是相同的，物理学家花了很多年时间来寻找以太——他们认为的光在其中传播的介质——这样他们就可以测量不同参考系中的光速。但这些徒劳无功的努力只能得出假设的以太不存在的结论。一旦你接受了光速在所有参考系中都相同这一事实，就会马上接受爱因斯坦的理论，它变得更加"符合直觉"了。

另一方面，并非所有物理学都是符合直觉的。反直觉物理学的一个主要例子是量子力学。唉，我们还没有合适的方式来理解量子力学。这是一个非常反直觉的理论。量子力学，尤其是它的概率方面，对我们仍是难以捉摸。一百年过去了，我们仍然没有将其内化。双缝实验就是这样的一个例子，经过这么多年，它似乎仍然违背常识。量子力学其他反直觉的方面包括无法标记相同的粒子(例如电子)，这是我们之前在关于蚂蚁的谜题中努力解决的问题。

自然性

我们之后转向自然性，发现我们基本上可以用量纲分析来计算很多东西。通过这种方法，我们的答案可能会有一点误差，但总体上仍为 $O(1)$。

这至少是物理学家过去的想法。狄拉克是最早指出物理学中有一些大数是自然产生的人之一。例如，两个质子之间的电磁斥力和万有引力之比是一个无量纲的量，结果是一个天文数字。使用 $\hbar$、G 和 c，我们发现了基本的自然单位，即所谓的普朗克单位。

从普朗克长度到宇宙的长度，我们有：

$$\ell_{\text{Planck}} \xrightarrow{\times 10^{20}} \ell_p \xrightarrow{\times 10^{20}} \ell_{\text{太阳}} \xrightarrow{\times 10^{20}} \ell_{\text{宇宙}}$$

(ℓ_{Planck}、ℓ_p、$\ell_{\text{太阳}}$ 和 $\ell_{\text{宇宙}}$ 分别是普朗克尺度、质子尺度、太阳尺度和宇宙尺度)。

我们遇到了这些层级谜题，出现了不自然的大、小数字。为什么会存在这种尺度层级是一个悬而未决的问题。一个更自然的排列可能会产生一个普朗克尺度的宇宙！如果真是这样，我们的存在将被视为极不可能和不自然的。在更自然的条件下，宇宙将只存在于普朗克时间尺度上，或只有一秒钟的很微小的一部分。一些物理学家援引人择原理试图使精细调整显得自然，但这种方法能做的预测很少——温伯格(基于人择原理) 对宇宙常量 Λ 的成功预测是罕见的亮点之一。

我们讨论了数论中自然的问题，问题用小的数字表达，然而求得的解答却是巨大的数字。也许在物理背景中看起来并不自然的层级问题有一个类似的解释：这可能只是一个涉及 $O(1)$ 变量的用正确方式提出的问题。

物理与宗教

我们讨论了一些与物理学和宗教有关的哲学思想。一个神秘源头是，为了我们的存在，宇宙的参数需要非常精细的调整。神创论者会说，某人或某种生物必须像以前一样手动调整这些参数。相信更自然的解释的人会喜欢人择原理，即宇宙是为了我们存在而被进化选择的，否则我们甚至不会在这里考虑这些问题。我们最终得出结论：科学不能驳倒宗教，宗教也不能驳倒科学。我们不应从一个思想流派得出结论，将其应用于另一思想流派。当你回到过去——例如，回到 17 世纪的牛顿时代——你会发现不同程度的宗教信仰。我认为，也许在非传统意义上，科学家是具有宗教信仰的，即使他们可能不承认这一点。他们在寻找一种可能根本不存在的模型，但他们相信它存在，这可能被认为是非理性的，有点类似于宗教信仰。重要的是要保持开放的心态。没有它，爱因斯坦仍对黑洞和引力波的存在持怀疑态度——即使它们是由他的广义相对论预测的。因其先入为主的观念，爱因斯坦将大爆炸理论视为基督教的神话。尽管如此，爱因斯坦的立场仍使他成为科学史上最伟大的远见者之一。

对偶

我们看到了对偶——似乎在物理和数学中自然而然地出现了——如何将一个难题转化为一个简单问题。这是一个革命性的概念，已经对物理学产生了巨大的影响，并进一步延伸到数学领域。令人尴尬的是，我们还不能理解为什么这些想法行之有效。然而，关于为什么在自然界中应该存在对偶可能存在一个哲学解释：物理理论的结构是如此丰富，以至于你不得不假设太多不可思议的事物才能使它们存在。因此，如果一些相同的奇迹涉及两种看起来不同的理论，那么它们也许实际上是相同的，只是看起来不同而已，即它们彼此对偶。这就是塞尔吉奥·塞科蒂 (Sergio Cecotti) 对为何我们有对偶的解释：丰富结构的匮乏导致许多结构重复出现！

理论的进步正在改变我们对宇宙的观念，并挑战着我们对诸如质量和我们所居住时空等基本概念的理解。也就是说，理论能带我们走多远，可能是有限度的。在过去的几十年中，我们的理论前沿已经远远超出了我们的实验能力，并且我们无法将许多最新发现转化为观测数据。尽管如此，理论物理学的思想仍然可以在数学中找到应用，这已被证明是一种非常有效的方法。随着科学以新的、出乎意料的方式发展，这些领域之间的联系越来越紧密。虽然我们不知道确切的行程，但这肯定是一次非常令人兴奋的旅程。热切希望你来加入我们的探险之旅!

译 名 索 引

索

引

223

解开宇宙之谜

JIEKAI

YUZHOU

ZHIMI

策划编辑
赵天夫

责任编辑
赵天夫

书籍设计
张申申

责任绘图
邓　超

责任校对
王　巍

责任印制
田　甜

图字: 01-2021-2805 号

Puzzles to Unravel the Universe by Cumrun Vafa
Copyright © 2020 by Cumrun Vafa
All Rights Reserved.

图书在版编目 (CIP) 数据

解开宇宙之谜 / (美) 卡姆朗·瓦法 (Cumrun Vafa)
著; 符丽天, 符曜天译 . -- 北京 : 高等教育出版社,
2022.12
书名原文 : Puzzles to Unravel the Universe
ISBN 978-7-04-059554-3

Ⅰ . ①解… Ⅱ . ①卡… ②符… ③符… Ⅲ . ①宇宙 -
普及读物 Ⅳ . ① P159-49

中国版本图书馆 CIP 数据核字 (2022) 第 214151 号

出版发行	高等教育出版社	反盗版举报电话
社　　址	北京市西城区德外大街 4 号	(010) 58581999　58582371
邮政编码	100120	反盗版举报邮箱
印　　刷	北京市鑫霸印务有限公司	dd@hep.com.cn
开　　本	787mm×1092mm　1/16	通信地址
印　　张	15.25	北京市西城区德外大街 4 号
字　　数	220 千字	高等教育出版社法律事务部
购书热线	010-58581118	邮政编码
咨询电话	400-810-0598	100120
网　　址	http://www.hep.edu.cn	
	http://www.hep.com.cn	本书如有缺页、倒页、脱页等
网上订购	http://www.hepmall.com.cn	质量问题, 请到所购图书销售
	http://www.hepmall.com	部门联系调换
	http://www.hepmall.cn	
版　　次	2022 年 12 月第 1 版	版权所有　侵权必究
印　　次	2022 年 12 月第 1 次印刷	物料号　59554-00
定　　价	59.00 元	